百大企業最喜歡貼在布告欄的文章

《iThome》專欄作家──**吳俊瑩** 著

搞懂這些，老闆搶著要

──老闆不說的40個職場潛規則

前言

很多人在遇到職場瓶頸時，都不曉得問題出在哪兒？是待在舒適圈太久？還是學歷不夠好？或者被小人陷害？！

企業顧問吳俊瑩長期觀察發現，職場瓶頸最大的問題在於思考模式，他說：「只要改變思考模式，看問題時也會有不一樣的想法。」

「努力也要有方法」、「在職場上不但要會做事也要會做人」、「老闆要的是解決問題的人，不是製造問題的人」……這些，你知道嗎？

本書歸納了吳俊瑩從事顧問至今，觀察到最重要的「職場紅人思考模式」，搞懂這些，讓你走到哪裡都能倍受器重。

作者序

自從出了第一本職場書《老闆不說，卻默默觀察的40件事》之後，最令我開心的，除了市場反應不錯，且被公司列為「推薦讀物」外，就是讀者朋友們的回應了。

整理了這些讀者迴響如下：

＊這本書所寫的情況，跟我公司中的某些人很吻合，看完之後，我比以前更知道如何清楚地面對不同的角色，也知道自己該採取什麼樣的態度！

＊在公司中遇到困難時，我會使用書中提到的方法，或是改變自己的行為模式，發現事情真的沒那麼難！

＊這本書讓我最驚訝的是：我從未想過，原來同一個問題，可以用這麼棒的角度來思考——這本書之後增廣了我的思考角度，不再像以前一樣執著於某一點上。

＊當我的處境在「不上不下」時，這本書會讓我覺得，自己還有很多需要學習的地方，讓我的心情更加開闊。

＊這本書就像朋友般，可給我最實質的幫助！

此外，也有些讀者的反應很有趣，像是「看文章時，覺得作者一定是個很年長的顧問，沒想到看到照片，才驚訝地發現：原來作者這麼年輕！」

對我而言，「出書」這件事，其實在我的心中是出現過掙扎的。在第一本書出版時，總會思考：自己真的夠資格嗎？

隨著書的付梓、上市，我開始演講、上廣播節目推廣，並收到讀者們的回饋後，我發現這件事真的可以幫到很多人，心中也萌生出第二本書的念頭，恰巧出版社也來邀稿，終於在一年後催生了第二本書。

最近有一個機會，參與一家公司評估新上任的中高階經理人（主管職）面談，在人力資源管理公司的幫忙之下，決策者們列出了一些規範，後來我發表在iThome的專欄，就是所謂的「3P經理人」。是哪3個P呢？

Prudent——嚴謹

Passion——熱情

Positive Thinking——正面思考

記得GE前總裁傑克威爾許的員工分級定義嗎？沒錯，這三個特性就是A級員工所具備的能力。在社會上，不要說是讓老闆注意，甚至欣賞我們，即使希望貴人能拉我們一把，這三個能力還是必須要有的。想想看，回歸到人性的層面，老闆需要我們是因為「我們能幫公司賺錢」或者「我們能解決問題穩住局面」；貴人會幫我們是因為「小投資可以有大收穫」或者「感受到年輕人的誠意與活力」等因素，我們希望別人提拔，幫忙，或許就應該拿出「值得別人提拔的樣子」。

可能我們從前不太在乎別人是怎樣看我們的，因為覺得自己有才華，只要秀出實力，才氣，就應該會受到重用，幫忙，提拔。否則就是別人「沒有眼光」，「沒遇到伯樂」。國內一個上市公司的高階主管說，過去他也都是這樣子，認為自己懷才不遇。有一次出差到日本，同行的老闆問大家說：「明明昨天剛融雪，車子應該髒兮兮的，為什麼馬路上每一輛計程車都還是亮晶晶的呢？」大家都說因為司機早上有擦車子。司機為什麼要每天擦車子？一兩天不擦難道客戶就不上車嗎？司機先生說：「因為我尊重我的職業，而且我更尊重搭我車子的客人。」聽了這句話，他才了解到，「拿出樣子來」並不是花俏，巴結老闆，而是「尊重自己的工作」與「尊重與自己共事的人」。

第二本書除了延續職場主題外，將更深入解答職場人的問題，讓職場人知道「哪些特質是老闆最欣賞的」，以及「哪些特質是會吸引貴人幫助的」。

本書中提到的40個主題，是我長期觀察職場紅人所歸納出來的心得，同時也是老闆要的人。或者，我們可以不要這麼俗套，至少「做出應該有的樣子來」可以算得上是對自己的人生與職場生涯有所交代。大家都會希望跟積極進取的同事一齊工作，別忘了，快樂與活力是可以傳播給他人的。

希望這本書能幫助大家，在職場上順順利利，讓自己成為一個「會解決問題的職場紅人」與「左右逢源的人」。

目錄

第2章 人際關係與溝通力，必備！ 61

第3章 行動前，先想一想！

第4章 解決問題，要用對招式！

第5章 六大心法，讓你更上一層樓 189

第 1 章

職場紅人，想法當然與眾不同

想成為到哪裡都被器重的人才，首先就要有與眾不同的想法，本篇將告訴大家如何思考讓你成為職場紅人！

①「解釋自己」剪不斷理還亂

很多人跟我分享，觀察身邊的年輕一代，似乎對於堅持自己的想法與做法有相當程度的執著，就如同熱門漫畫「火影忍者」裡面的主角「漩渦鳴人」一樣，總是把「這就是我的忍道！」這句話掛在嘴邊。

不過實際上不然，我遇見很多年輕科技人，大多都處在徬徨的階段，這無關於價值觀的差異，而是在於「不喜歡明天的到來」。因為明天還是要做相同的事情，明天還是會遇到類似的問題，明天還是會有煩惱發生，又或者明天收入依然沒有改變，一連串的煩惱似乎永遠都沒有解決的一天。

堅持自己的方式與做法，真的就會有成功的機會嗎？答案顯然不是，並非努力就會有成就，也並非堅持就會成功。

●走出自己的路

我收到過一封朋友轉寄的email，裡面提到一個簡單的觀念——我們是否活得快樂，關鍵在於「明天我們是否會更喜歡自己？」當早上起床，嶄新的一天開始，我們是否因為自己有所成長、薪水變多了，或是急著去實現某個新點子、新創作而更喜歡自己？如果答案是肯定的，我們就會過得快樂。想改變周圍的世界，我們可以從自己改變，當我們看待周圍世界的角度不同，一切也會跟著往美好的方向轉變。

有個故事是這麼說的，有一家三代相傳著一個祕方，這個祕方是一種藥膏，可以讓皮膚在寒冷的冬天不會裂開，這家人三代都靠著這個祕方，經營在河邊洗衣服與染衣服的生意賺得溫飽。有一天，有一個人出價一錠黃金，買走了這個祕方，把這個祕方帶到北方的國家，賣給這些國家的軍隊，讓他們冬天也可以打仗，因此賺進了幾千兩黃金。

同樣一個祕方藥膏，有人可以賣到千兩黃金，有人僅可以溫飽，這說明了成功的道路很多，但需要我們去思考與大膽嘗試，同時也需要知識與眼界，並不是每天努力工作，或者每天都按照計畫做，就不會感到徬徨。一顆徬徨的心，是沒有辦法產生力量的，我們需要知道能夠怎樣把自己的 know how 發揮最大化的價值，放膽去嘗試，才能真的走出「我的王道」。

● 發掘潛藏在自己體內的鑽石

若想找到自己的王道，你需要先找出自己有什麼實力？有什麼可以產生價值的東西？

知道自己什麼地方最值錢，才能知道往哪個方向才是正確的，最直覺的當然是我們賴以維生的專業技能。年輕時剛出社會，我們的專業技能一定有限，從企業的角度看，要的不是學校學習的專業，而是年輕人的衝勁、幹勁、初生之犢不畏虎的勇氣，以及沒有過去的包袱與習氣。或許你發現到，往往我們以為自己最有競爭力的東西，不見得是別人看重我們的東西，反之亦然。大多數的情況下，其實我們都不認識自己。

「繼續做下去，還是轉換跑道？」這個問題我相信大家都曾經問過自己好幾次。這個世界評估一個專業人士價值的標準，大多都是以從業時間長短來衡量的。所以如果從外部的角度來看，這個問題根本不是問題，因為答案肯定是要繼續做下去。把一種東西摸到透，這是環境對於一個專業人才的期望，因為如果我們換來換去，到後來真的會找不到工作。

我自己就曾被友人質疑：「你每隔兩年就換一個工作，而且還換一個領域，這種個性真的很不好，太不穩定了，未來哪個公司用你，我想你也待不久吧？」我做過晶片設計、MIS、網路、軟體、系統⋯等等，因為這是我認為適合我的道路，我想要親身去理解電子業、IT業是如何運作？每個領域的獲利模式是什麼？如果我們不把成功與成就放在第一順位，而是把追求知識與人生體驗放在最前面的話，我想，這樣才會讓自己隔天醒來時更喜歡自己。

●勇敢去做別人不願做的夢

知道自己在做什麼？目標是什麼？是人生最重要的事情，因為只要知道自己在做什麼，就不會厭倦，有了目標，就不會徬徨。掌握了自己人生的方向，固然我們會動搖，也會改變目標，但是只要大方向不改變，終於還是會有成功的時候。

某位哈佛教授曾說，我們必須要教育學生在未來能解決從來沒發生過的問題，並且，從事現在還沒有出現的行業。回頭想想，我在念書的時候沒有網路業，但是當我就業的時候，竟然投入了網路業，嘗試著去解決從來沒發生過的問題與商業模式！過去我們會說「興趣不能當飯吃」，但當知識經濟時代來臨，知識本身可以賣錢的時候，演變至今，興趣真的可以當飯吃！

瑞士歐洲大學的校長在簡短的演講中，在白板上寫了DBDD四個字，代表著Dream、Belief、Dare、Do（夢想、相信、勇敢、去做），期許未來的領導人都能夠將這四個字當成自己的信仰，勇敢實現自己的夢想。「被人嘲笑才會成功！因為敢於跟別人不同。」只要我們堅持的目標越遠大，成功的機會就越大。

讀後速記

※成功的道路很多，但需要我們自己去思考與大膽嘗試，同時也需要知識與眼界。

※認識自己，知道自己什麼地方最值錢，才能知道往哪個方向才是正確的。

※知道自己在做什麼？目標是什麼？是人生最重要的事情。

②堅持做別人不想做的事

記得某次和公司前輩一起到廣州出差，因為隔天一早要搭高鐵去武漢，前輩就事先從網路上訂了間商務公寓。當天晚上，我們到了商務公寓附近，本以為眼前一座燈火輝煌的5星級飯店就是我們預定的公寓，心想真的是太便宜了！

我們打手機連絡了飯店服務生後，大約過了10分鐘，服務生騎著機車出現，他示意我們開車跟著他走，一路開進入了一個住宅區，左繞右繞停在一間公寓前，我們才發現，原來我們租的不是飯店，而是公寓裡面的某一層住戶。房間還算乾淨，但與我們想像的差很多，因為過去曾住過的商務公寓都很高檔，有歐式的裝潢、很棒的淋浴設備、小廚房、採光良好的落地窗，眼前這一間根本就是沒有裝潢的一般公寓！

當下問起眼前這位「服務生」，我們才知道，其實他就是這間虛擬公寓的老闆，掏出滿口袋的鑰匙，算算他有10間左右這種房間。他說一開始只租了一間空房，經營一陣子後漸漸客人多了，賺到了些錢，就陸陸續續把附近的空房間都租下來，形成了現在的規模。

我們不得不佩服這老闆的生意頭腦，人家說中國的空屋有六千五百萬間，他抓住了空屋屋主願意以低租金出租的想法，轉手再租給旅客，一個月只要有10組客人，他就有進帳了，雖然是大學畢業，但是這位老闆利用空房子建立虛擬飯店的創意點子，賺到了鈔票。

◉不伸出雙手怎麼接住機會

在討論社會失業率的問題時，我們常常會提到「高學歷失業」，追求學問多年最終卻所學無以致用，導致高不成低不就。或許我們所學的並不一定真的要用來賺錢，但我們卻不曾聽過有人說：「因為我不是學做老闆的，所以我沒辦法做老闆！」反而常會聽見：「我學的是XX專業，實在不適合去做不體面的工作！」

做生意是世界上最難的事情，需要投入很多的心思、跟同行競爭、服務客戶、管理現金流⋯等等，不過身為一個知識份子，多少還是會把做生意分等級，例如高科技的生意是有身分地位的，擺地攤賣雜貨是比較不體面的。

但其實，這其中不應該是以產業作分別，而是規模與心態上的問題，一個擺地攤的人如果賺了錢，開了連鎖店，那麼還有人會輕視他，認為他的事業不成功嗎？人生中很多的機會就藏在別人不想做的事裡面，如果我們連嘗試都懶得嘗試，機會當然不會自己從天上掉下來。

我曾經聽過一場演講，開頭就問現場聽眾一個問題：「有多少人現在從事的是本科系？」從舉手的人數估計，現場大約80％的人沒有從事在學校學習的本科，而轉換了工作跑道。換了跑道意味著需要重新從頭學習起，但往往因為這樣，表現反而不會輸給本科系的人，因為他們不想做的事情我們都願意做，可以看得更多，自然機會也多。

◉是想不到？還是做不到？

看著那些雜誌上成功人士的事蹟，我常常在想，換成是我，願意捲起袖子從那些苦差事開始嗎？或許自尊心告訴我們，捲起袖子我們就是被錢打敗了，向功利低頭了，可是如果我們的聰明才智可以改善那份工作，那這樣子算是被打敗了嗎？曾經有個朋友因為繼承家業，只好放下高學歷回老家養豬，在他感嘆於這些骯髒工作之餘，也把自動化與管理的知識帶入這個家族產業，最後讓整個工廠升級。

我並非鼓勵大家衝去做別人不做的事情，別人不想做的事情，如果我們認為有利基，那當然值得做。常常有人會問：「那麼好康的事情為什麼沒有人做？聽起來穩賺不賠的生意為什麼沒有人做？」別人不做有可能這種事情根本就做不起來，或需要砸大錢還不一定可以做出來，又或者根本就沒有人想到要這樣做。

這種時候我們有可能成為第一隻白老鼠不幸陣亡，也有可能平步青雲建立成功的事業，不管怎樣，別人不做的事情背後一定有玄機。即使我們認為自己最聰明想到了一個曠世創意，也不用高興的太早，先擔心是不是有陷阱才是上上之策。

●把自己的價值做出來！

很多的傳統產業需要用高科技的思維，還有高效率的商業模式來變革，一樣是種田，法國與美國的農夫開小飛機播種灑農藥，台灣則是勞力密集，沒有把零散的田地集中起來變成一大塊，然後用機器與科技提高效率。為什麼呢？因為種田這種事情沒人想做，所以關於商業模式的創新，就比較少被帶入到這個領域。

當前的世界變化很快，過去我們只要改善管理，提升品質就可以賺到錢，現在則是必須要更上一層，從商業模式的角度來思考，各個角色的獲利分配以及參與的價值，如何才能有較長久的競爭優勢。所以即使是清潔打掃的工作，如果有好的商業模式，一樣是一個成功的企業經營範例，這樣的例子在報章雜誌中時有所聞。

更進一步來看，不只苦差事沒有人做，那些邊際效應只剩5％的事情也同樣乏人問津，例如：品質提升、技術研發、物流管理⋯等等，很多領域大家都會停留在能賺錢就好的位置，因為剩下5％的進步，會銷耗掉公司非常大的人力與財力。

但是腦筋轉個彎，只用精英團隊來解決這個5％的問題，就可以用低成本達成高效率了。很多公司在技術上領先，並不是他們聰明很多，只是腳踏實地做別人不想做或懶得再做的事情。當然我們常常說，產品能賣就好，做多的客戶也不會感激！我想這是因為我們不懂得在客戶面前呈現自己的價值與實力，如果我們決定要做那些別人不想做的事情，就應該思考，做這件事之後我該怎樣把價值呈現出來？

讀後速記

※機會總會不經意的從你身邊走過，除非你伸出雙手極力爭取。

※嘗試別人不願嘗試的事情，做最壞打算，盡最大努力。

※做好，是你做到別人可以做到的事；做成功，是你做到別人做不到的事。

③追求卓越，是一定要的！

很多小時候讀的故事，長大後發現並不是那麼一回事，我們都說愛迪生發明燈泡，事實上，早在愛迪生發明之前，燈泡就被發明出來了，而且根據維基百科的記載，愛迪生的第一個燈泡是跟兩個加拿大科技人買來的（比爾蓋茲的第一套DOS作業系統也是跟別人買來的）。

但這並不掩蓋愛迪生成為發明大王的事實，愛迪生為了測試燈泡的燈心材質，嘗試過一千多種材質，以解決當時燈泡壽命短、製造困難且品質不均的問題，他花了很多年改良燈泡，終於發現用鎢絲可以有最好的效果，也因此，後世把「發明燈泡」的頭銜頒給了愛迪生。

● 嘗試在錯誤中追求完美

時至今日，如果我們在辦公室裡面做研究，即使我們有耐心去嘗試一千種材質，尋找最佳的配方，老闆也不會同意我們花這個時間，因為太不符合經濟效益，「Try & Error」（試誤法）儼然成了無效率的代名詞，這讓我感到很疑惑，如果某些技術是可以用思考來達成或者解決的，那麼花時間思考絕對沒有問題；但如果知識不足以解決，浪費時間思考，還不如嘗試「Try & Error」。

當我們把 iPhone 拆開的時候，會感受到設計者與製造者的用心，設計這個產品的工程人員，應該也花了不亞於愛迪生的時間，不斷反覆測試，這也就是為什麼後人稱頌愛迪生的原因，因為他願意為「追求完美」付出心力，這是一件很難的事情。

想想看，我們是否曾經這樣堅持追求卓越與追求完美過？恆心與毅力是非常重要的，可是這兩個元素並非每個人都有，而聰明如愛迪生難道沒有運用什麼方法讓自己更有效率呢？

◉市場需求是邁向完美的不二法門

《孫子兵法》有云：「兵法：一曰度，二曰量，三曰數，四曰稱，五曰勝。」有人說這就是提升效率與成功度的方法，簡單講，就是掌握有效的「數字」。

度是評估，我們透過事前蒐集資訊來評估整個事情的規模、狀態、方向等等；量是測量，實際作實驗並且取得數字；數是計算，將這些數字進行計算之後放進資料庫；稱就是比較優劣，將我們的結果與競爭對手的結果比較，並且想辦法提升自我；勝就是目標設定，當時間不允許我們做到百分之百的完美，至少該做到哪個點？

在豐田汽車大量銷售之前，思考模式都是「度量數稱勝」（出自《孫子兵法》），想做什麼？規格怎樣？只要科技人想好，做就是了。而後豐田汽車反過來改以「勝稱數量度」思考，客戶買車最大的需求是什麼？會花多少錢在汽車購買上？當了解客戶需求後，絞盡腦汁來滿足那個需求。

當年愛迪生也並非胡亂試驗，因為比較市場的需求，他了解到市場當時要的是價格低，壽命可接受就好，而超或一千小時的碳化竹絲大量生產時亮度不好控制，每顆燈泡的壽命也都落差很大，因此目標是要夠便宜且能大量量產，也因此他放棄掉了原本使用平均壽命超過一千小時的碳化竹絲，不停地嘗試各種材質，尋找有機會滿足市場需求的材質，終於找到了鎢絲，也找到了符合市場需求的產品。

「所有的事情都還是要回歸到設計起點！」許多有經驗的人都曾經講過這樣的話，當我們的目標決定後，設計的好壞決定了80％，但大多數人沒有這種感覺與自覺，寧可在設計端、研發端放棄掉一些堅持，放任產品或專案發生錯誤，讓後繼者承擔了各種問題，導致成本無法下降，品質也難以提升的困境。

觀察時下熱賣的 **iPhone** 系列產品，我們不難發現，設計者在設計的當下費盡心思，盡可能的讓產品能符合當初設計與銷售目標的設定。從愛迪生以來，很多產品、公司都告訴我們，追求卓越是個人、企業，乃至於客戶成長的最重要關鍵，也是最基本的堅持。

●卓越只因為你比別人多做一點

每位科技人，可能都有過成為下一個愛迪生的夢想，儘管在這個講求團隊戰的時代裡，已經很難單靠一個人就製作出偉大發明，我們還是有很多機會可以跟同事們一齊追求卓越，提升自己，作出更好的設計。

也許某些人對於我的想法抱持著反對意見，心想：「在這種公司裡面怎麼可能！環境都這麼糟了，做死做活不都一樣？到最後成果還不是都是長官老闆拿去！」的確，並不是每個人都熱愛工作、喜歡當前的工作環境，但這與我們追求卓越與自我能力提升並無關聯，最起碼，我們不該浪費自己的歲月，與團隊一齊成長提升正面價值，最好使公司因此發展成為業內一流的企業。

當前職場最大的問題，並不在於經濟不景氣，而是「員工失去了熱誠」，把工作當成是糊口壓力下不得已的妥協，漸漸地就不想把事情做好，反正能交差就行了，惡性循環下，同仁越來越沒有成就感、榮譽感，可能嘗試不到10次就因為怕麻煩而選擇放棄或逃避。如果我們可以做得更好，那就努力做好一點。從「度量數稱勝」的觀點來看，所有的勝利都源自於事前正確的數字評估，以及不斷的自我提升，堅守住這樣的想法，你才有機會脫穎而出！

讀後速記

※成功是種累積，辛苦的嘗試是種過程，如果沒有踏出關鍵的最後一步，一切將前功盡棄。

※市場的需求是最重要的指標，也是追尋完美卓越的唯一途徑。

※功勞可以被取代，但能力卻永遠只屬於你，隨時做最好的表現，擦亮自己的品牌。

④實力是信用的堅強後盾

在工作上，大部分人應該都曾經遇到過答應了不該答應的事情，騎虎難下，到最後只好硬著頭皮去解決，或是乾脆黃牛假裝沒這回事，更甚者還得事後去道歉了事。我認為，不該答應的事情一般是指掌握度不夠，或者權力不足以進行的事，簡單講，就是實力還沒到位，所以不但答應了也沒辦法做到，還得賠上自己的誠信。

年輕的時候，我們不太會在乎這種事情，甚至有些人還倒過別人的帳，根本沒有想過未來會如何，甚至對自己的信用瀕臨破產也毫不在乎。但當有一天自己有了地位、財富、名聲時，我們會小心翼翼地捧著，希望不要不小心打碎了這一切。因為關心，所以誠信漸漸變成重要的事情。

●「信用」是合作的基石

「信用」一直是商業上降低彼此交易成本的重要工具，它具有多種層面，例如財務層面，對銀行、客戶、供應商、股東⋯⋯等等；也有義氣層面，例如為朋友兩肋插刀，赴湯蹈火在所不辭的信用。不管是哪個層面，我們都想要百分之百貫徹自己的信用，在財務、權力、地位以及人脈等各方面若是沒有足夠的實力，是絕對做不到的。

但這些實力都是需要時間培養的，它們彼此之間具有互相提升或削減的特性，當一個人的財務狀況不好，相對權力與地位會動搖，反之當權力出現問題時，財務收入可能減少，地位也可能改變，人脈也會跟著縮減。因此，在經營的同時，我們必須要不斷兢兢業業的去維持，並且想辦法成長擴展，讓自己的實力更加堅強。

商業上的合作，別以為單單提案給對方，獲得同意就合作，不同意就下次再聯絡這麼簡單，很多公司的老闆或主管其實心底都有各種考量，講白了就是在「信任度不足」的情況下沒辦法交易。我常常聽很多超級業務員說，耕耘一個大客戶得花2、3年，甚至是7、8年都有，乍聽之下很驚人，因為一般人耕耘個2、3個月，最多不超過半年就放棄了。

我認識的一位超級業務員說：「客戶總是在觀察我們，透過一些不相干的任務測試我們的誠信，還有對誘惑的抗拒能力。」如果沒有辦法通過客戶信任度的測試，那就沒辦法成交。當然，這些超級業務員不會把力量全放在這樣的客戶上，總是有分短期收割，以及長期需要培養的，不管是哪種類型，都是得透過實力贏得信任，才能順利取得訂單。

◉把握每次展現成長的機會

但如果沒有交易，該怎樣展現實力呢？我有位創業成功的朋友，曾經和我分享他的故事。年輕的時候做生意，他一開始騎摩托車拜訪客人，20個人可能成交一個；有了小錢買了汽車後，持續拜訪老客人，10個可能就成交一個；到後來成功了，買了賓士車，那些認識的人都主動把訂單送上門來，「關鍵在於要讓別人看到成長，最好是顯著的成長！」他說。

如果我們談生意，第一次去沒成交，接著沒有什麼新進展，我們硬是再去第二次、第三次⋯⋯這樣子可能沒什麼效果，因為任何人都想跟實力堅強的人交易，如果我們自己沒有在幾次拜訪中成長，別人很自然會直觀的認為我們的產品不好，沒有持續改進，說不定研發能力不足或者財務有問題等等，跟我們合作會有風險。

很多人都認為，客戶不買我們就不做，因為製作新品會花費成本，沒有人買大不了就持續賣舊貨，殊不知這樣子到後來很有可能路越走越窄，最後面臨失敗。在市場競爭激烈的狀況下，只要公司財務能力許可，不管客戶買還是不買，我們總是要加入新功能，降低成本，持續改善與升級，當我們產品的「性能／售價」比例超過客戶的預期，他們就會產生買的動機。

◉檢驗、檢驗、再三檢驗

人與人之間的關係不該建立在欺騙上，但是誇大其詞卻是難免，每個人都好面子，表面功夫要做足，排場也要有，至於實力如何，那就日後才能見真章了。「既然如此，我們又該怎麼做才能降低被騙的機會呢？」我建議用時間與三方求證來確認對方的誠信，簡單說，就是要確認對方有沒有實力來完成這項任務。

以雅虎奇摩拍賣網站為例，他們要求賣家要付費開店，交易也要收取手續費，這些門檻就是在檢驗賣家有沒有實力來實現對客戶與對奇摩的承諾，也就是擺明「非誠勿擾」，畢竟這個世界上太多人想要買空賣空，如果我們學不會檢驗別人，那麼金山銀山還是會敗光，社會上這種案例層出不窮。

被別人檢驗實力或許會讓人覺得很嘔，但這是遊戲規則，想要促成彼此的合作就得忍耐。有位朋友最近開了間公司，向銀行借錢，但因為公司小營收不高，所以年利率是6.8％，就連房貸都沒這麼高！但他倒很看得開，認為自己是第一次用公司名義跟銀行借，只要累積信用，未來利率還是可以降低。

所以說，與其生氣被別人看扁，不如力爭上游讓人家瞧得起，畢竟銀行對每間公司都這樣，利率是公式算出來的，不是人為憑空捏造的，如果自己有實力，根本就不用求人，也不用看別人臉色，既然實力不夠，需要靠外力加持或資助，需要付出點代價，甚至吃點小虧，想想也還算理所當然。

李嘉誠有句名言：「要當仁慈的獅子。」如果我們要相信別人，願意拿我們的信用押注來幫助別人，這是仁慈的作為，但首先要思考自己是否是獅子等級的角色。借來的早晚都要還，如果是利益上的還可以算得清楚，自己是什麼等級就付出對等的仁慈，千萬別越級打腫臉充胖子，如果不是可以明確算清楚的，那就最好不要碰，因為可能要承擔的後果，就算是獅子也不見得能全身而退。

讀後速記

※「信用」是降低交易成本的重要工具，而「實力」則是貫徹信用的後盾。

※實力是需要時間培養的，它們彼此之間具有互相提升或下降的特性。

※不要怯於展現自己的成長，它是別人度量你實力的參考依據。

※無論彼此信用優劣，永遠抱持謹慎的態度再三檢驗。

⑤用書本墊高你的實力！

現在是知識經濟時代，每個人都需要不停的吸收知識，分析資訊，然後再繼續吸收新的知識，吸收知識的目的是不落伍，最終目標當然是增加競爭力讓自己持續成長。

這些話聽久了就覺得理所當然，直到我遇到一個去年剛畢業的職場新人問：「增加知識與增加薪水之間，有沒有可以換算的公式呢？」我不禁開始想，其實增加競爭力與成長的量化就是營收的增加（對個人而言就是薪水），如果增加知識之後營收沒有增加，是否意味著其實我們吸收的知識並沒有幫助？

●學習心態是吸收知識的催化劑

對於我的疑問，有位朋友說：「這種問題哪需要討論？這個社會本來就沒有說唸書多就賺多點錢，唸書少就少賺點錢的道理，知識多，只能說賺錢的機率大一點，根本沒有什麼保證賺錢的事情。」不過就經營的層面來看，如果企業提供同仁內部教育訓練，灌輸最新的管理與技術知識，就應該要反映在營收上，否則企業變成了學校，培養好的人才反而被別的公司接收了。

但換個角度，很多主管也都擔心，如果沒有教育訓練，個人的資歷就不好，當哪一天想要換工作，就很難跟別人競爭。越有心的同仁，越渴望成長，任何的知識對他們來說都很有幫助，缺乏教育訓練的機會，反而留不住這樣的員工。

在制度良好的大公司裡，教育訓練的比重是很高的，同仁除了日常職掌的事務之外，仍需要接受大量的訓練，然而這些訓練並不會導致同仁的時間浪費，反而讓公司的經營績效持續提升。

那為什麼有些人拼命吸收知識，卻仍無法獲得升遷與加薪？有些公司一直投入教育訓練，卻仍無法提升績效？是訓練的內容不正確，還是人才的品質不夠好？我試著比較幾間公司的資料之後發現，其實問題在於受教育者的心態，如果不認真把知識當成一回事，這些教育訓練就是白費了。

●學無止盡唯勤是岸

某公司的一位資深副總說，他非常堅持內部的教育訓練，要一直保持一個「幫別人看書」的心態，看的每一本書，受的每一套訓練，都是為了整個團隊前進的需要，一個團隊的績效，是以團隊中最弱的那個同仁的績效為準，如果我們總是最後的那一個人，情何以堪？身為一個企業經營者，充實自己是為了這個公司的成長，張忠謀先生曾說過，年輕的時候他每天看書4小時，現在則是每天看書2小時。

要養成這樣的習慣，我們可能會推說自己沒有時間，因為我們把看書當成是單純的閱讀書籍，事實上，不管是看報紙、雜誌、論文、技術文件等等都算是閱讀，身為公司的中高階主管，閱讀是為了讓自己能挑戰更高更難的任務，並且為了自己的職場生涯做規劃。至於小職員呢？當然更應該在本職學能上用力塞知識，因為當我們成長之後，還有管理、財務、業務等各種知識需要去大量吸收。

學習是一件很奇怪的事情，如果沒有形成習慣，每次開始學習就會遇到撞牆期，學習需要思考與實務練習，一開始可能覺得有學到很多，但是漸漸地發現邊際效應降低了，閱讀很久收穫很少，這時候就需要拿實務來練習，或者乾脆以實務上遇到的問題，來作為閱讀的方向，效果才會提升。

我們看書除了為了團隊、公司，以及自我成長之外，也是為了收入，回歸到小科技人所問的問題，究竟我們尋找的夢幻公式是否存在呢？我的學長提出了一個有趣的理論：「我認為公式就是：錢$=\frac{1}{2}at^2$，t是閱讀的時間，a就是吸收的加速度。」這其實就是自由落體的速度公式。我們投入的時間越多，即使閱讀的吸收不良，在長期努力之下，成果依然非常可觀，就像從帝國大廈頂樓丟下一個壹元硬幣，掉落到地面時可能足以砸死一個人。

●職場萬人迷，學會資訊圖像數據化

不管是老闆、主管，都會欣賞講話有重點且富有內容的人，要擁有這樣的內涵，也要靠長期閱讀累積實力，才有辦法信手拈來、旁徵博引，而「背數據」則是這裡面最重要的事情，因為經營者往往對於長篇大論感到不耐煩，但是對於直接明瞭的數據，則會眼睛發亮精神抖擻，這是我們建立良好印象的機會。

面對客戶或供應商也是如此，當我們想要把閱讀的成績轉換成現金，就需要牢記閱讀中所獲取的數據，拿來在工作上應用，就可以發現量化之後，很多事情就清楚明瞭了。所以，我們可以說，數據是用來判斷一本書或一份資料是否適合投入時間閱讀的依據，因為我們的記憶力有限，如果沒有簡單明瞭的數字圖表，常常一本書看了後面忘記前面，效果自然大打折扣。

如果遇到了好書，也應該推薦給團隊中的同仁去閱讀，提升整個團隊的競爭力。身為主管，更需要常常安排教育訓練，以及推薦書籍讓同仁閱讀，除了協助大家成長之外，也是一種傳遞文化溝通共識的方式。

或許讀書無用論有一定程度的正確性，因為讀死書所獲得的知識是沒有辦法用來獲利的，但我們不得不承認，靠勞力賺錢，一天最多就是24小時，按照時薪算，怎樣算也有個上限，而靠腦力賺錢，機會就是無窮大。我們的大腦都不是天生就懂得賺錢的訣竅與知識，需要後天的教育以及自我的學習、進修來達成，前提是，充實知識必須要能夠讓我們發現機會，把握機會，並且靈活運用大腦，吸收的知識才是真正對我們有益的，畢竟，時間有限，不是嗎？

讀後速記

※良好的教育訓練加上不斷渴望新知的員工，等於實力強勁的企業。

※養成學習的習慣，篩選適合各階段的知識，廣泛的吸收資訊。

※靠勞力賺錢，一天最多就是24小時；靠腦力賺錢，機會就是無窮大。

⑥你今天微笑了嗎？

某次拜訪完客戶，我和同事去廁所「巡視」，剛進去就看到有個人對著鏡子擠眉弄眼，同事偷偷告訴我，他是某間公司最頂尖的業務，一個人的績效可以撐起半個公司，我心裡面不禁感到好奇，他到底在做什麼？是哪裡不舒服嗎？

於是我走上前去問道：「請問你哪裡不舒服嗎？需要什麼幫忙嗎？」他笑著說：「沒有啦，只是在進入客戶的公司之前，我先練習微笑。」幾天後，在朋友家電梯裡面，我又看到有個人對著鏡子傻笑，我的朋友告訴我，他是大樓裡出名的模範先生，擁有一個美滿的家庭。

●微笑，全世界最普及的語言

笑容是國際語言，不需要言語就可以傳達友善的訊息。但在景氣欠佳和工作壓力之下，上班族想必都很難笑得出來；每天上班都是處於緊繃的狀態，即使回到家裡，電視裡也多是令人生厭的爭吵，負面情緒擴散得比流感病毒還要快。「為什麼我明明不快樂還要裝笑容呢？」當我為自己辯解時，換來的是朋友一頓罵：「裝出來的笑容會有人喜歡嗎？」

要笑得真心其實並不難，這只是一種心錨的設定，隨時可以讓自己被要求進入某種愉快的情緒，甚至熟練的切換自如。我們自己可以設想看看，在生活周遭，面帶微笑的禮貌服務，不是比臭臉以對更能贏得客戶的喜愛嗎？

大家對於科技人的印象，大多都是他們比較害怕面對面，有人說是因為面對電腦久了，人際溝通的能力退化了，所以就不想去面對人，什麼大小事情都用email來代替實體交流。在我看來，科技人習慣用實際面思考事情，認為是否「微笑」與效率高低、進度快慢、事情成敗沒有直接關聯，在就事論事的情況下，將人跟人之間那些繁文縟節省掉，透過email就可以簡單指揮體系運作，達成最有效率的管理與執行方法。

不過管理的對象畢竟不是電腦，而是活生生的人，電腦不會有情緒、感情，但人會有，除非對方和我們一樣討厭繁文縟節，否則這樣「貌合神離」的關係維持久了，任誰都會受不了，更別說見面會有多尷尬。

團隊裡，一旦太過就事論事，就會缺乏團隊精神，在工作上彼此不會互相掩護，長久下來團隊會變成一盤散沙，有人累到喘不過氣，有人卻天天一派輕鬆，整體績效肯定帶不起來。

●正面能量IN！負面情緒OUT！

「要讓工作有效率，首先要讓員工喜歡工作環境！」很多人願意為企業效勞，是因為有好的同事、工作上有充分的學習空間、符合期待的待遇，以及和諧的氣氛，而不是因為有一間裝潢豪華、設備高級的辦公室。

有些主管要求嚴格，時常讓員工情緒緊張到胃都絞成一團，但這樣真的會有效率嗎？如果沒有好的工作態度，無法與同仁和睦相處，久而久之就會被孤立，工作自然會演變成一種痛苦，效率也會發揮不出來，保持親切的微笑，不管自己遇到什麼樣的困難，也盡量不要把負面情緒帶給大家。

過去，我們只要本身夠專業就好，現在，越來越多公司也同時要求工作態度、服務態度，有些人自恃能力優秀，但是總讓其他工作夥伴感到不愉快，對公司整體有害無益，充其量只能算是C級員工。要嚴肅，要有讓人尊敬的地方，而不是只因為職位高而嚴肅；要搞笑，也要真有兩把刷子才能搞笑，不然只會擾亂辦公室秩序。

雖然說伸手不打笑臉人，但實際上我遇到的情況是，保持笑容不見得能換到別人的笑容，需要恆心與耐心的搭配才行。假如對方認為你很假，惟有靠時間才能改變他的印象，不管是被臭臉相向或者惡言刁難，只要不斷讓對方看到你的笑容，我認為對方終究是會被你的真誠感動。不過，若是碰到主管訓話等某些該嚴肅的場合時，千萬要記得收起笑容，不然只會被認為嘻皮笑臉，反而在印象上是大大扣分。

●再累，也別忘了給家人微笑

「搞什麼？我賺錢養家，回到家累個半死，還要我陪笑臉？應該是他們要先笑著迎接我吧？」這樣的話想必大家都耳熟能詳，在外面受客戶的氣，回到家發洩在家人身上的大有人在，但仔細想想，我們拼命賺錢養家，表示家人對我們來說是最為重要的，既然重要，如果不肯好好細心呵護對待，那付出這麼多時間心力所為何來？

真心是一種可以透過自我修養而達成的精神狀態，就算是做作也好，總好過把情緒發洩在別人身上那種惡劣，想要保持愉快的心情，一顆清朗的心是最重要的，所有的怨氣到我們身上就消化了，我們自然會是可以帶給周圍人陽光的關鍵性人物。

如果我們能讓周圍的人感覺到溫暖，即使情況不好，也不會有人走開，因為大家可以從我們身上看到希望，企業的領導者和主管們，更要讓同仁對未來有希望，一個氣氛不好的團隊，是不會有任何希望可被期待的。

如果你想藉由快樂獲得財富，我很遺憾的告訴你，快樂已經被證實與財富無關，微笑並不是為了發財，而是為了讓自己更快樂，每天早上醒來更喜歡自己。一開始，你可能要強迫自己進入微笑模式，久了之後，當我們有了健康的身心，微笑就會變成常態了，周圍的人事物都會改善，變得更好，讓你有意想不到的感動與驚喜。

讀後速記

※微笑是種習慣，需要不斷的練習。

※網路日新月異的時代，我們總在意效率的高低，忘卻了面對面情感交流的重要性。

※家是你最後的避風港，微笑是你回應家人包容最好的禮物。

⑦善用時間的魔法

古人說：「時間就是金錢」要呈現時間的價值，金錢是最好的描述。

我曾在某本書上看過一個例子：如果你有10萬美元，在一九九〇年投資美國股市的箭牌口香糖，到二〇〇八年，大概可以成長到54萬美元左右的價值，聽起來很棒吧？我們即使工作18年不吃不喝，可能也沒辦法賺到44萬美金。

反之，如果我們沒有投資箭牌口香糖，而投資了通用汽車，一樣的資金結果在二〇〇八年只會剩下9萬塊美金，18年過去了，不僅沒有賺到錢，還倒賠了1萬美元。同樣的時間裡，做對了事情與做錯了事情的結果有明顯的差距，時間的價值會將我們「做對的事情」效益放大。

●學會善用「時間」就會成為富翁

其實我們手中擁有的最大財富是「時間」，上天對人類最公平的也是「時間」，每個人每天一樣都是24小時，可是每個人的成就卻大不相同。我相信許多人在國高中時期，都曾經立下志願，要每天背10個英文單字，推算看看，如果當時堅持下來，35歲時我們就已經累積有14萬字了！

其實每天10個單字並不多，重要的是透過時間的力量，累積再累積，結果就會很可觀。累積是時間價值的成長方式，只要每天、每隔一天，或者偷懶一點，每星期有所累積，長久下來就一定會累積出驚人的價值。

不過，時間的力量不只會讓好的事情發酵，壞的事情也同樣會發酵，很多小事一開始我們都不以為意，但是我們的努力如果一直都被壞習慣所抵銷，甚至被超越而不自知，結果會反而越做越錯，甚至到最後無可彌補的時候，發現自己已經老了，很難再有力氣重頭來過。

累積是相對性的，我們很努力，別人也很努力，環境一直在水漲船高，一旦我們的努力不夠，很快就會被淹沒；但努力夠還不足以讓我們可以獲救，必須要回歸到出發點，誠如本文開頭所分享的例子，我們選擇的是箭牌口香糖還是通用汽車？過程中其實有很多次機會讓我們從通用汽車換到箭牌口香糖，越晚換的結果當然就越糟，但，要怎樣才能看清楚方向呢？

● 選對方向，讓時間說話

「投資正確的領導者！」這個觀念我常常跟剛踏入社會的朋友建議，如果我們不知道該怎樣做，選擇一個好的領導者跟隨會是不錯的方式。但是不要用自己的感覺或者對方的言語去判斷領導者的好壞，應該要客觀地從處理事情的方法、讓企業獲利的能力、實現願景的能力、誠信的程度，以及格局氣度來考量。跟隨到正確的領導者，隨著時間過去，可能我們的能力沒辦法總是跟隨在第一線，但獲得的利益不會太差。

「加入績效良好的組織！」簡單講就是找個大公司來待著。很多人總是說，小公司可以讓我們學更多，所以選擇在小公司磨練，我個人建議是，一輩子一定至少要待過一兩個大公司才行，而且越早待越好，因為往後的日子裡，你所待過的大公司招牌可以讓你拓展人脈。

我年輕的時候待過世界知名品牌——飛利浦，後來我在世界各地從商時，都會在自我介紹時說：「我以前待過飛利浦！」客戶對我的印象立刻就不一樣，因為這是國際知名的大公司啊！當然，飛利浦這塊招牌也是經過時間磨練出來的價值。待在大公司不見得學不到東西，重點是你待了多久，別忘記時間可以磨練出經驗、專業，還有身價，千萬別耐不住性子亂下結論，魯莽而草率的決定往往會讓自己與富貴擦身而過。

「累積自己的實力！」我認為自己的實力是可以量化的，例如證照數量、語文能力……等等，另外一種實力，就是學歷，除了自己當老闆沒有用的情況下，學歷就是努力與否的證明，是這個社會普遍的價值衡量標準之一，因為努力這種事情本來就找不到客觀的評估標準。

很多人離開學校後，每天上班累得要命，下班回到家只想拿著遙控器轉電視頻道，既無法讓身體獲得休息，對自己也沒有實質的幫助，無形中浪費了不少時間。我建議，不如利用這些時間去念些書，如果覺得自己需要碩士學歷就拼個碩士，想要有企管學歷就念個企管學分班或者EMBA之類的，自己替給自己加分，老闆才會給我們加薪。

誠信作基底，聚沙成塔

「人脈」也是要靠時間來累積，不過這件事情比較弔詭的地方在於，人脈的效用，往往取決於我們自己的成就。如果我們一直都是小咖，那麼認識很多人頂多是MSN來來去去、偶而八卦一下，或者介紹工作跳跳槽，不會有太大的影響。但是如果我們的成就與實力不斷成長，人脈的經營就會隨著時間呈現出正向的綜效，因為我們身上有了知識、財富、權力等別人想要或需要的資源。

要爭取一條重要的人脈，需要靠時間來細心經營，我遇見過很多成功的經營者，他們對於自己欣賞的人才，都會花很長的時間來建立關係，最後招攬到自己麾下。同樣的，有才能的人也會花很長的時間來經營跟成功經營者的關係，形成一種正向循環。

「路遙知馬力，日久見人心」，心懷不軌的人，終究會暴露在陽光底下，真正要能夠讓自己的價值發揮出來，「誠信」的累積是最重要的寶藏，愛惜自己的羽毛，一點一滴累積誠信，只要機會與實力配合，想要獲得成就一點都不難。

讀後速記

※時間的價值會將我們「做對的事情」效益放大。

※運用時間魔法，得先做好三件事：投資正確的領導者、加入績效良好的組織、累積自己的實力。

※「人脈」是時間累積的產物之一，「誠信」則是它最牢靠的防護。

⑧打破心裡的那一道牆

佛教禪宗有這麼一則故事：有一天，兩個小和尚看到旗子被一陣風吹過，旗子飄啊飄的擺動著，第一個小和尚便說是「風在動」，但第二個小和尚卻認為是「旗子在動」，兩人爭執不下，跑去問了老和尚，老和尚從容不迫的說「是心在動」，兩個小和尚頓時啞口無言。

一念天堂一念地獄

這世界上阻止或鼓舞我們前進的，往往都是內心的一念之間。人類的思考模式，一般都會依據經驗或直覺，在心裡面先設定一個立場，依據這個立場再來決定自己的行動與後續的思考模式。巴菲特曾經形容過自己在購買 Wal-Mart 股票時，因為股價超出了內心既定的底線，結果沒有採取行動，導致損失了幾百億，即使老練如股神，都會出現這樣的狀況，更何況每天面對著大大小小雜亂無章事情的我們呢？

還記得有一次朋友跟我打賭，他可以邀請到陌生的金髮美女一齊吃晚餐，我心想，人家大概會把他猴子看一笑置之，於是我滿懷信心跟他賭了。沒像到，他竟然真的約到了陌生的外國女生共度晚餐！我問他是怎麼辦到的，朋友笑著說：「難就難在心裡面的障礙，其實只要你不要覺得自卑，沒人把你當猴子看！」我想想也對，不過就是吃個晚餐，我們心裡面的既成障礙太高了，把這種事情看得太過困難，日子久了就認為很多事情不可能，還沒開始就先否定，卻連試都沒試過。

學習開放心靈

隨著時間，我們常常把牆逐得越來越高，過去曾經發生衝突的同事，如果兩個人沒有當場化解握手，好像漸漸的彼此就越來越尷尬，最後連在同一個辦公室中都感覺不舒服。根據專家統計，解決衝突最有效的方法，是由兩個人或數個人中職位高的那個人先出面化解。而且統計的結果顯示，如果同儕中大家職位平等，常常是第一個出面化解的人最後成就較高，我想，應該可以說他敵人比較少的緣故吧？

而談到關於學習，由於學校教育佔據了我們年輕歲月很大一部分，因此我們就養成了一種「老師沒教過就有學習障礙」的毛病。我認識很多人都曾有過這個問題，明明可以自己看書自己了解，但卻都仍需要有人先講解過，才有辦法開始閱讀這些技術文件或書籍，然後接下來都會說：「好像沒有想像中那麼難！」

其實就算老師教的時候沒有認真聽，只要有「老師教過」的行為在，效果就顯現了。這堵牆是當事人自己看不到的，如果我們告訴他們有這麼一堵牆存在，大家就會透過提醒自己的方式，順利在沒有人教導的狀況下閱讀新書籍與研究新技術。

但並非所有事情都要讓心牆消失才算好，像是「風險」這件事情就需要有足夠的保護機制。311日本海嘯造成了福島核電廠事故，網路上專家們說，可能是因為東京電力公司對於自己的技術太有信心了，所以心中少了風險這道牆作防護，設計反應爐的時候，沒有警覺到可能會造成的最嚴重後果。俗話說：「小心駛得萬年船。」風險並非我們拆掉心牆就會消失不見，那只是因為我們忽視它而以為看不到罷了。

從過去的朝九晚五改為現在的24小時營業，7-11當初想必突破了重重困難，如今我們已經習慣了，自然而然認為便利超商本來就應該要這樣。在企業內部常有一道道牆，阻礙著創新的想法，大部分的經營者與主管大多選擇強行突破，但創新不一定就是好的，若是沒有團隊的支持，這項創新更可能造成不好的影響，因此，要化解內部的心牆，除了溝通沒有別的辦法。

我這邊所指的溝通，並不是指開會，或一個一個叫進去辦公室的約談，像是日本經營之聖稻盛和夫，就常用聚餐、喝酒的時候進行溝通與了解。聽說，王永慶創業的時候，也常常請員工到家裡來吃飯，在飯桌上對於一些政策以及做法先拋風向球來溝通。參考成功企業家的經驗，我們可以瞭解，企業內為了化解一道道心牆，溫柔的技巧與手段勢必是需要的，粗魯的做法通常只會引起更大的反彈。

●別讓心牆隔絕了你的機會

然而，良性溝通中相當重要的傾聽，其實也很容易會被心牆擋住，我們需要常常調整，來順應環境的變化。我曾經有個美國朋友跟我說，台灣供應商總是不聽他的建議，明明市場的需求很明確需要 Apple 週邊，但台灣的供應商卻只希望他推別的產品，只因為 Apple 的認證申請時間很長又很麻煩，但另一位在美國的客戶，卻很高興地說：「我們最喜歡這種有門檻的產品了，因為只要我們申請到 Apple 的認證，其他人並不一定有這耐心或者信心來處理這件事！」

前面的台灣公司，後來一直都拿不到訂單，因為他們雖然聽見了我朋友的建議，卻不願意提供客戶想要的產品，而現有的產品又不受市場青睞，困在自己的經營迷思裡，終於經營出現了困難。由此可知，在這個競爭激烈的多變環境中，如果我們讓客戶、前線人員一直碰壁，不難想見，我們的結果會是如何。

很多時候，我們看遠一點，會覺得：「何必呢？」放下心牆有何不可？其實都不是很大的改變，只是意氣之爭或是面子問題。在工作中，我們任何一個人都需要團隊支持，也都需要與團隊、客戶分享利益，這樣才有辦法把連結越做越強。如果心中總是有所阻礙，即便我們在工作上表現良好，終究難以融入團隊或帶領團隊，更別說創造出雙贏的策略。

讀後速記

※這世界上阻止或鼓舞我們前進的，往往都是內心的一念之間。

※並非所有的心牆該要消失，風險意識就需要擁有。

※企業要追求進步，化解內部的心牆，除了溝通沒有別的辦法。

⑨建立「你的王道」

有科學家做過一個簡單的心理測驗，面對別人的誤會時，成功企業經理人與一般社會大眾的反應是否有落差？結果發現，對於遭受到誤解所感受到的痛苦指數，兩者是相同的，但對於下一步採取的動作，兩者就有一些落差。大多數的社會大眾選擇澄清自己，甚至願意採取法律行動，但是成功的企業經理人選擇「用事實證明」，必要時才會採取法律行動。

科學家的看法是，在沒有管理過公司並獲得成功的經驗下，大多數人會選擇以抒發或者發洩情緒為第一優先；但是有過成功經驗的人，會先試著尋找解決辦法，儘管被誤會的感受是很痛苦的。

有位朋友曾經受託協助企業進行專業經理人的「心智強度」提升訓練，他告訴我，很多人在遭遇到誤會與管理挫折時，常會脫口而出說：「為什麼你不能了解我？」「我根本不知道你在想什麼？」但這其實都是毫無意義且具有傷害性的話。

心電感應不是不存在，只是太微弱到無法讓人全盤掌握到別人怎樣想，在資訊不足的狀況下，任何的解釋都只會衍生更多的質疑，因而造成更多誤解的產生，關鍵就在於彼此間並未締結起信任的關係。所以解決方法在於重建信任，而不是拚命解釋流言蜚語，那只會徒勞無功。

●要解決問題而不解釋問題

在鋼鐵大王洛克菲勒寫給兒子的信件中，其中有一封提到，許多的輿論抨擊洛克菲勒，認為他是很吝嗇的，對於捐錢一點都不慷慨。面對所有評論，洛克菲勒選擇「不解釋」。從領到第一份薪水開始，他就將其中的10％捐出去，因為他認為正確的幫助，是教需要幫助的人釣魚的技巧，而不是直接給他們魚，他說：「你想使一個人殘廢，就只要給他一根枴杖。」後來洛克菲勒的慈善捐款方式成為美國所有富人捐款的模式。

我們不能說當時的記者沒有遠見，輿論本來就常帶有強烈的情緒成分，加上彼此看到的角度總有不同，各種看法都有它的道理。

曾和一位職場前輩聊到他成功的經驗，他也曾經面臨整個團隊瓦解的危機，在「發薪水」與「保住公司最後的現金」兩者之間徘徊，當時團隊所有人都質疑他，希望他能夠以保障大家的福利為優先，但股東們則都要他「停發薪水保住公司」，因為發了薪水，業績再不提振，就有提早結束的可能。

爭執到後來他的壓力很大，他一直向同仁解釋自己的立場，結果狀況越演越烈，大家都提出辭呈，等於是公司變相提早結束。後來他決定不再去解釋自己，不再管任何一方的言論，把懊惱的時間，用在尋找解決方法上。

為了贏回員工的信任，他把自己的錢拿出來發放員工薪水，向大家證明自己的決心，同時也積極奔走，爭取訂單，雖然公司還是有人離開，但是願意留下來的人，都感受到他的誠意，最後公司成功重新振作起來。

我很好奇的問：「把自己身家拿出來拼，這不是很危險嗎？」他說：「當時我要員工留下來拼，他們也是賭上身家的，與其解釋，我必須要拿出 guts 贏取信任，讓大家知道我的決心！」領導者的決心，才是追隨者想要看見的東西，只要信任仍在，永遠都會有機會。最近閱讀雜誌，發現即使是股王宏達電，也曾在一九九八年因為燒掉太多錢，導致發不出薪水，那時董事長王雪紅拿出錢來支應，因此度過了難關。

●「聽」出信任感

信任必須要靠行動與果敢來支持的，很多人誤以為當初把人找來的時候，是要用說服的，用人情打動、用夢想引誘，在遇到危難的時候，也只要用「說」的就好。但其實，「聽」比說還有用，聽聽看別人的意見，了解他們的困難與需求，想要解釋自己，就像是想搶麥克風，結果會造成大家都下意識去搶麥克風，卻沒有人說出理性的話。

危難的時候，人們的行為都會本之於「人性」，我們不能說「別人怎麼可以這樣子對待我？」因為那是人性，交換立場我們可能會更殘忍地傷害別人。人性的光明面只有靠信任才能引發出來，如果我們不去聽，狹隘地認為員工也是加害者，在這時候想要落井下石爭取利益，這種格局只會讓企業更快結束。

「公司」這個組織，是人類歷史上的重大發明，先天就以「利益」為基礎與誘因，來促進所有的營利行為。既然是以利益為基礎的組織，如果員工跟我們談利益分配問題，不管是在草創，還是在艱難時期，或者是在「黎明前一刻」要求先把利益分清楚，都是一種「信任」的考驗。

說穿了，這是員工擔心打勝仗卻「沒分到成果」而產生的行為，企業經營者或許會厭惡「遭到要脅」，但這是常態，一種從人性與公司本質而來的行為。所以企業經營者與主管們不用覺得受傷，更不要無視員工抗爭的行為，因為彼此的「信任」還不夠，必須要強化信任，甚至白紙黑字寫出來才行。

企業經營者與主管們需要理解的是，每位員工都背負著對生活與生存的壓力或恐懼，當那種壓力與恐懼大過於對組織與領導者的信任時，便會採取行動，因此，即便主管們當下沒有權限去回應，亦或沒有能力去承擔，至少「傾聽」一定要能做到。

身為企業經營者與主管們該試想，進辦公室時，是兩三步閃進去把門關起來？還是一路跟同仁打招呼，朝氣十足地鼓舞大家呢？愈到艱難時刻，愈要有勇氣面對團隊，信任的建立在平時就要累積，就算是大難來臨，還是得要「就事論事」，抗爭的人因為情緒，所以會把矛頭指向個人，但處理的人要冷靜，思考在權限範圍內信任關係的建立，循著人性的本質來理解對方的要求，才有辦法度過危機；「避而不談」，不管在任何時刻，都是對信任最具殺傷力的回應。

讀後速記

※面對誤解，與其急忙解釋，不如追溯問題根源，盡力解決。

※多聽少說，你可以更容易了解對方的希望與需求。

※企業經營者與主管們永遠要謹記，人性的本質是建立信任關係的基礎。

第 2 章

人際關係與溝通力，必備！

實力固然重要，如果再加上良好的人際關係和溝通力，往往讓事情更快、更容易解決，趕快來看看職場紅人是如何增強人際關係與溝通力！

⑩送禮，建立關係的潤滑劑

幾年前的中秋節，我的朋友剛接任他們公司的行銷主管，由於業績下滑，幾個客戶抱怨連連，加上公司晉升了朋友，導致團隊中有人負氣出走，順便帶走了一些重要客戶，公司裡面士氣低落到了極點。

為了挽回頹勢，朋友發動了中秋節大作戰，訂購了高級豪華月餅，親自送去給客戶。「那一次真的是被罵慘了！」朋友說有好幾個客戶從頭到尾都在罵，但是他就真的讓客戶罵，一直道歉賠不是，也答應降價並且改善交期提升品質，最後成功保住了訂單。

●禮多人不怪，也要有誠意才能發揮效果

紅頂商人胡雪巖做生意，非常重視禮尚往來，送禮從不手軟，而且還會揣摩對方的需求與期望，送禮往往都送進心坎裡，成為商界的一代傳奇人物。然而現在的公司經營，凡事都講制度，很多公司甚至嚴格限制員工不得收禮，以免壞了規矩，但不管是哪一國的人，都還是希望遠來的朋友能帶些好東西，有沒有收到禮物其實心情上差很多！

我還記得以前有位英國客戶，他特別希望我們過去談生意，因為「你們會帶台灣的烏龍茶來！」有了禮物就有了話題，輕鬆的氣氛之下，很多事情都好談。為了測試禮物這種東西是否真的有效，我買了一些百貨公司頂級的巧克力，找了些理由送給客戶跟我們對應的窗口。巧克力這種東西不會壞了公司規矩，他們大可以拿出來放在總機那邊讓大家吃，結果呢？我發現後續對方對我們的態度有大大的轉變，對於我們的交易也都熱心幫助。

巧克力真的有這麼大的威力嗎？我想應該不是，真正的核心價值是「感恩」，衷心的感謝對方，才能換來別人的真誠，單單說聲謝謝，對很多人來說，其實已經有點麻木了。那麼，像我朋友一樣只要送月餅就能挽回生意嗎？同樣的，應該不行，真正發揮力量的是「態度」，願意放下身段接受客戶指正，同時也願意拿出服務的精神進行改善，對方當然也會願意再試試看。

●價值不是重點，心意才是關鍵

我也常常收到別人送來的禮物，可是這些禮物其實還是有差別，有些能讓我感受到心意，有些不行。親自送來當然是表達心意最好的方式，但是另外一個層面，選擇禮物的用心程度也是我所在意的，相信大家也是。「傳達心意」是我們要送禮的最大原因，既然如此，就應該要認真挑選。

「最好要送的是對方常用到，每次看到這個禮物就會想起你！」某位業務高手分享送禮心法，舉凡皮夾子、高爾夫球杆等豪華用品他都送過。不過送小東西是否也有效呢？答案當然是有，像我送巧克力就很有效，如果對方有小孩，送小孩的玩具也很有效。

「但是有些禮物是會扣分的，尤其是對方想自己挑選的東西！」例如名牌包，並不是LV就一定會受大家喜愛，有些人有自己的喜好的款式、偏愛的品牌，甚至喜愛享受挑選時的過程，所以如果要送禮，仍然要稍微用點腦筋，不要不小心弄巧成拙，侵犯到了對方的品味。

◉養兵千日用在一時

「分享」是送禮的另外一個層次，代表著彼此之間良好的友誼與關係，同時也是化解衝突、拉近距離的方式。我有位學長擔任某公司的業務協理，因為平日業務單位總是對其他部門要求東要求西，於是便送了辦公室同層級的主管們一些精緻的香皂禮盒，好化解一些怨氣。

「分享」是送禮的好理由，不需要任何節日因素，只要認為發生過事情，或者有事情要發生，都可以花點小錢來分享一下，即使是一杯泡沫紅茶或者咖啡都很好，人都是有童心的，尤其是可以享受免費好康的時候。莎士比亞說，「斧頭雖小，持續砍也會砍倒一顆樹。」往負面想，怨氣不化解，久了就會變成仇恨；往正面想，如果能夠化解怨氣讓大家開心，未來要做什麼事情都很順利。

在商場，「搶得先機」通常能夠一舉壓倒對手，單純做生意，沒有發展出朋友情誼，這種生意其實不會長久。送點小禮物可以成為彼此的話題，儘管在商言商，但是朋友總是交情不同，可以提早知道一些別人無法知道的情報。做朋友不一定要送禮物，真心分享喜好的事物也是美事一樁，送禮也不見得要貴重，心意有到才重要，重點是，「關係經營」是種長期投資，不必急著馬上回收。

對方可能會懷疑我們有企圖才開始送禮物，事實上也是這樣子，不過我們有責任去淡化對方的困擾，因此一次可以送幾個人，或者送一些可讓他們公開來跟大家分享的東西，這樣效果更好。

◉放長線釣大魚

當然，回歸投資報酬的概念，既然要花錢投資送禮這件事情，必須要先想清楚對方值不值得送？商場的第一個原則——「不要求，就沒有」因此子彈有限就要打有把握的，或者未來機會很大的，對方收下的時候，還是懂得技巧性暗示對方「天下沒有白吃的午餐」與「別忘了我的好處」，雖然來日方長，但總有一天一定要達到目的。

送高價值的禮物是一種不著痕跡的稱讚，表示只有這種高檔貨才配得上「您」，這樣不管在商場與職場上都可以無往不利。可是如果我們真的只是想交朋友，就不用在意是否貴重，只要心意到就可以。

過去我常常認為送禮是不必要的，因為就事論事，那是份內該做的事情，何必多此一舉去求人？可是我忽略了一件事情，人有心與無心的結果是天壤之別，我們希望對方用心去做，還是敷衍了事呢？如果我們送些禮物就可以讓事情更順利，何樂不為？

讀後速記

※送禮是經營關係的敲門磚，只要操作得宜，往往在關鍵時刻能帶給我們莫大幫助。
※禮品的花樣琳瑯滿目，但唯有貼近對方需求的，才能打進他的內心，時常記得你。
※人人有禮，就等於沒有誰是你特別重視的，送禮，投資在恰當的人選身上就好。

⑪放開心，才開心

人脈是很難經營的事情，因為要能跟每個人好好相處，都有話聊，對很多人來說，實在不容易。剛出社會的時候，指導我的前輩就曾經告訴我：「我執、隨喜、無常，是你要時時提醒自己的三件事。」而後我在職場中打滾久了，突然有了新的體認，這不是三件事，而是三個階段。

當我們剛出社會的時候，血氣方剛，正是「我執」最嚴重的階段，什麼事情都認為是自己對，不管是誰教的、講的都當耳邊風；歷練之後，開始懂得圓融做人，受到賞識開始領導團隊了，這時候「隨喜」就很重要，要能夠廣結善緣，發展人脈，讓專家來幫忙解決問題，也要能幫別人解決問題，直到哪天自己做老闆，我們就進入「無常」的層次了。

●放開胸懷擄獲人心

日本經營之聖稻盛和夫領導京瓷創業的時候，公司有個分支機構一直都績效不彰，換了很多個主管都沒有辦法改善。後來他派了一個沒有太多管理經驗的人到任，沒想到過了一年，整個績效改善了，又過了一年，分支機構表現優異。他覺得很奇怪，就問這個新任的領導者，為何別人都沒辦法帶起來的團隊，你可以帶起來呢？這個同仁說，他其實只是想辦法掌握人心，並且誠心地請同仁一齊努力，而不要虛度光陰。

現在我們帶領團隊遇到的問題，絕大多數都是人的問題。人為什麼會有問題？因為人心是浮動的，穩不住。明朝有名的哲學家呂新吾的著作《呻吟語》中說到聰明才幹只是第三等的資質，深沉厚重、公正無私才是第一等資質。

人與人之間相處，如果把感覺放在前面，那麼每天都會不快樂，因為別人的一個眼神，或者一句話，可能都會讓我們感覺到不開心。我們在意上司的看法、揣摩上司的每一個意向、忌妒同仁的表現、吝於讚美或者幫助別人…等等，這些都是心結的開始。

◉別被心裡的惡念綁架

心結所束縛的是我們自己，不是別人，這就是「我執」。稻盛和夫說：「人的能力最強的時候，就是由執著一種概念中解脫出來的時候。」打開心結，必須要從自己做起。

我有位朋友，上司希望他跟某甲一起合作做年度的重點專案，並且允諾他如果這個案子做得好，就給予升遷，殊不知我朋友以前就跟某甲有點嫌隙，後來演變成為心結，當上司給他這個機會時，他反而拒絕了這個專案。

結果某甲晉升了，而他仍然嘔氣地上著不快樂的班，任誰都看得出來，他在跟自己過不去，可是他就是不肯放下心結讓自己海闊天空，結果賠進了自己大好的機會，甚至賠掉了快樂的生活。

有個老朋友寫信問我，他將要指派一個部屬到大陸工廠去擔任主管，想問問看我有什麼建議？我想了一下，回信說：「首先，得先解除大家的心結才行。」擔任主管的，最重要的是幫部屬處理工作障礙，建立一個不會彼此有心結的環境。

有一次，我擔任顧問的公司來了位新任的總經理，歡迎酒會中總經理向一個個同仁乾杯，主動詢問同仁工作狀況、工作內容等，同時他也暗中記憶著哪些人看起來彼此互動很奇怪。

之後，他常常故意把有心結的幾個人組成團隊解決問題，每次他都誠懇地請大家一齊努力，敞開心胸，結果這幾個人竟然到後來都晉升成為幹部，而且合作無間。總經理告訴我：「越聰明越驕傲的人越會有心結，但是如果能解開，他們就會成為有智慧的第一等人！」

●心胸器度有多大，成就就有多大

其實心結就代表缺乏格局與器量，事情做不大。我們確實可以說，反正我只要做好老闆交代的工作就好，或者我們可以做一個怪怪發明家，只要發明的東西賣錢就好，管別人那麼多？但是這樣子會快樂嗎？我們花一輩子來討厭某些人有意義嗎？試著常常去思考隨喜的意義，即使面對困境，面對討厭的人，還有面對緊急的事情，我們能否讓自己保持冷靜，這就是「隨喜」。

有很多人告訴我，他做個半死還做不出來的東西，老闆打一兩通電話就解決了，這中間的差別是人脈沒錯，但是人脈怎樣建立的？不讓自己保持著隨喜的態度，當我們有求於人時，會有人願意買帳嗎？

破冰要從自己主動伸出友誼的手開始，當伸出手對方卻不理不睬的確很尷尬，可是想想，你要自我突破有所成就？還是害怕尷尬打退堂鼓？再怎樣無情的人，也絕對會被我們一再主動的破冰行動所感動，或許他的心裡其實比我們還要脆弱，所以裝出一副冷漠來保護自己。

如果我們只會悶著頭想著「幹麼這麼累」，既然對方也沒表示，乾脆我們自己也避而不談「冷處理」不就好了，這樣兩個人之間的冷氣團有可能會影響到全辦公室的氣氛，讓大家都不快樂，討厭來上班，想要拿出績效給老闆，根本是天方夜譚。

● 沒有永遠的敵人

想把團隊經營得好，就不只是要能夠化解自己的心結，還要能幫大家化解彼此的心結，也要幫部屬打點好相關單位的主管與同仁，才能和睦相處產生凝聚力，否則我們做人很差，連帶影響到部屬沒辦法跟別的單位合作，想想看，結果我們是不是在跟自己的薪水與年終獎金過不去？

或許我們是當前大紅大紫的單位，但是風水輪流轉，兩三年之後誰知道呢？良性競爭是格局寬大才會產生，有了心結的競爭，難免流於惡性競爭，甚至非得爭個你死我活不可，想想真的很悲哀。美國總統林肯曾經說過：「是的，我把我最討厭的那個敵人消滅了，因為我把他變成了我的朋友。」一來一往，自己多了一個盟友，這才是真智慧。

讀後速記

※心是推動我們進步最大的動力，也是我們最大的阻礙。

※放不開的心結，會讓人失去正確的判斷力，同時遠離快樂。

※當敵人都變成我們的朋友，接下來我們只需要尋求合作進步，而不需要惡意競爭。

⑫非必要的敵意stop！

你是否曾經有過一種感覺，當走進辦公室的時候，感覺到有數支無形的箭向你射來？或者感覺到一股寒意以及冰冷的眼神？這都不是漫畫或電影才有的情節，而是在我們周圍常常發生的情況，或許有時會被解釋為「被害妄想症」。職場上、組織中，普遍存在著某種程度的敵意，有些人面對這樣的敵意會鬥志旺盛，有些人則會意興闌珊不想再待下去了。

●越鬥越爭氣？還是越鬥越沒力？

有些公司組織的文化很奇怪，就是需要有敵意才會刺激戰鬥意志，而有些公司組織的文化則是沒辦法容納敵意，因為會嚴重影響到團隊合作。以高科技產業而言，敵意的存在是非必要的，一方面是因為需要團隊合作，另外一方面則是因為這樣的行為浪費了很多內部溝通的成本。

「就是有些人讓人看了很不爽！」越來越多的年輕工作者有自己的個性，也喜歡把個性表現出來，而人與人相處就是很奇妙，有些人的調性合得來，有些人就是怎樣都覺得不搭嘎，甚至會感到互相厭惡。大多數的企業少了教育員工「識大體」的觀念，越有才華的員工就越有機會彼此產生敵意，除了不太容易合作之外，也常常引發離職的困擾。

團隊組織之中彼此的敵意是不必要的，可是當我們試著勸說其中一方放下敵意時，卻常常遭到拒絕，因為人不想白白被挨打，而且好面子的人都會認為，自己先讓步似乎自己就理虧了。很奇怪的是，領導者總是會希望被攻擊的一方讓步以顧全大局，卻較少嘗試去說服發動攻擊的那一方停止，然而如此一來，就很容易造成團隊內部動盪，導致人才流失的後果。

●風水輪流轉，要能與他人共享利益

我承認，並非一片祥和的組織就是獲利的組織，因為產生敵意的單位通常很可能就是貢獻大的單位。還記得我剛離開學校時，進入一間國際性大公司裡面工作，每到年終的時候，公司內部的氣氛就很怪，因為有些部門賺錢，有些賠錢，有些根本沒事做，但是公司為了維持「整體性」與「團隊精神」，就會拿賺錢單位的紅利來分享給其他單位。結果，那些被施捨的單位都覺得理所當然，因為風水可能輪流轉，現在賺錢的單位未來不見得會永遠都賺錢，可是賺錢的單位就覺得很不舒服而面有難色，畢竟要把口袋裡的錢掏出來分，是一件痛苦的事情。

每個公司都可能有這個現象，這種分配所造成的敵意是非必要，但也沒辦法防止，只能想辦法訂定一個制度來解決。因為不賺錢的單位裡面也會有優秀人才，我們還是會希望留住這些人才，所以才會把紅利從賺錢單位分配到不賺錢單位。而企業裡面獲利的單位現階段有可能是金牛，也有可能未來會變成夕陽產業，管理者必須教育員工為未來打算，培植公司下一個賺錢的金雞母。

◉君子之爭的「退火機制」

分「錢」的敵意還算好，因為錢能解決的事情都是小事，分「權」的敵意就麻煩了，一不小心很容意會演變成大事。公司裡面最頭疼的就是分權的事情，往往有人晉升就有人離職，有人獲得資源就有人忿忿不平，權力這件事情比起錢在組織裡面所產生的敵意要強烈持久多了。

近幾年，管理界漸漸地意識到「人格」這個重要因素，也就是說，透過培養幹部們的人格，來減少因為爭權奪利時的敵意，簡單講就是「君子之爭」，這種方式很難，需要透過長期的溝通、建立默契，以及最重要的「退火機制」。

我朋友的顧問公司曾經做過一個調查，當企業內部因為資源問題在會議上大吵大鬧之後，散會時是否有進行「肢體的接觸」，例如握手、拍拍彼此的肩膀、會後一起聚餐……等等動作，這些就是所謂的退火機制，讓大家的火氣減退，避免往後彼此連看對方的眼神都不舒服。調查的結果顯示，國內90％以上的公司內不存在這樣的機制，而是只憑彼此是「利益共同體」所產生的信任，這是不夠的！

學校教育與社會企業對於化減敵意的事情做得太少，當我們感受到別人的敵意時，所採取的行動一般只是忍受、逃避，或者找人訴苦，卻沒有想過該與對方認真溝通，我們該學著習慣，當我們在會議上跟別人爭執之後，會後找當事人拍拍肩膀握握手，好化解一下未來的尷尬。

◉不流血的完美勝利

「與敵人成為朋友」是訓練領導者最重要的一環，這並非天生的，而是透過前瞻未來的利害，壓抑內心黑暗面所邁出的重要一步。如果我們自己心裡存有敵意，那麼眼中就只是大大小小的敵人，如果我們放下敵意，試著去化解，那麼眼中所見應該就是大大小小的朋友。「要成為言語殺不死的人。」一位長輩提到他從公司幹部中選擇高階主管的條件，如果人家評論一兩句，或客戶抱怨什麼就耿耿於懷，這樣的人怎麼能被託付領導整個團隊呢？

學會忘記，是降低敵意的重要方法。很多別人傷害我們的言語或者小動作是很難忘記的，但仍然必須要強迫自己不再去想。而忍住不搶話尾也是很重要的修練，總是講最後一句話的人不見得就一定是贏家，這樣的行為其實和小朋友差不多。我們應該為組織的利益著想，想大一點的格局，如果只是你一言我一語的意氣之爭，對公司而言是最大的內耗，聰明的老闆是不可能拔擢這樣的人擔任重要幹部。的確，像一個入定的老僧不動聲色是一種修練，面對敵意伸出手來與對方和解也是一種修練，但企業內部的敵意都是不必要的，需要從我們開始伸出手來主動面對與化解才行。

散發敵意的人，往往只是為了保護自己柔軟的內心不被傷害，或者是因為已經受到某種傷害，不知道怎樣求助，如果我們也拿出敵意來面對，雙方的傷害越深，彼此更無法放下。消極的解決方法是裝作沒聽到，但如果我們可以積極一點，伸出手來，用誠意與耐心嘗試化解，我們就具備不同一般人的格局，擁有領導者的氣度與風範！

讀後速記

※團隊組織之中彼此的敵意是不必要的，處理稍有不慎，很容易造成人才流失。

※管理者必須教育員工為未來打算，藉由共享的方式，培植公司下一個賺錢的金雞母，以達到企業競爭力的維持。

※企業領導者應建立內部「退火機制」，讓團隊有正向競爭的循環，避免不必要的內耗。
※兵不血刃，才能贏得最漂亮的勝利。

⑬思想無國界，開放有界線

有一次我跟朋友一起到 Las Vegas 參觀 CES 消費性電子展，當我們走進了一個專門做 iPhone、iPad、iPod 外接喇叭的攤位時，看到了一個蠻不錯的產品。我們習慣性的就拿起手機開始照相，想要等一下 email 給大家分享。沒想到剛拿起手機，一個印度人就過來了，告訴我們這個攤位不准拍照，之後這個人一路跟著我們，直到我們離開攤位為止。這種感覺很不舒服，好像我們想偷什麼東西似的？朋友很不高興地說：「不想要人家照相還來參展，這算是什麼邏輯？」

●良性競爭才能造就成熟市場

或許是文化的不同，也有可能是對於某些事情感受到的重要性不同，在思想開放程度上的界線也就有差別。但我想，可能還有一個原因，就是自信心與實力的程度不同。有實力的國際大廠，在展覽會場上歡迎大家拍照、試用，並且詳細講解裡面的原理，因為產品就是要讓大家看到，讓大家口耳相傳，然後達到行銷的目的。不可諱言的，確實會有很多小公司「複製」別人的創意，但是這世界上仍然有「專利」可以做適當保護。

有趣的是，由於一臉東方人的長相，展場中有很多攤位都會防著我們，怕我們是來探聽情報的對手。其實市場需要有競爭，才有辦法做大，因為要教育消費者懂一個產品是很難的事情，透過競爭，才能分擔教育消費者所需要的龐大資源與金錢。越多廠商進入，這個市場就越成熟，當然價格也就越透明了。害怕被人家看，又想要有很多客戶，這其實是很矛盾的，而我很好奇的是，那些國際大品牌，以前是小公司時難道也是這樣遮遮掩掩的嗎？

●想得更大看得更遠

莊子曾說過一個故事：有一隻大鵬鳥，一飛就是幾千里，一躍就能飛到很高的天空上。有一天，一隻貓頭鷹剛抓到一隻老鼠，正準備要吃的時候，突然看到這隻大鵬鳥從很高的天上飛過，貓頭鷹很怕大鵬鳥下來搶他的老鼠吃，便急急忙忙把老鼠藏了起來，雖然大鵬鳥是不屑吃老鼠的，但貓頭鷹卻沒有辦法意會到大鵬鳥鎖定的是更大的目標。

電影《社群網戰》中描述了facebook當初發展的故事，劇情中暗示facebook創始人札克柏格其實很多idea可能是聽了別人的想法，然後去做出來的，導致爾後的訴訟官司。我不否認，很多人的一句話、一個觀念，對於一個事業的發展確實會有很大的幫助，但是這種幫助是沒辦法衡量的，所以如果我們免費提供給別人創意，最後別人獲得了成功，難道我們該因此調整我們思想格局的界線呢？我們該做的，是先做到保護自己的責任，才能要求別人不去複製，就像是有些朋友會在自己製作的投影片放上名字，還加上「版權所有，翻印必究」，這些都是很適當且正面的做法。

我有朋友每次看到別人的資料上有版權聲明時，總會冷笑：「這種爛作品也在聲明智慧財產權？」我常跟他說，那是因為還沒有人用你的作品賺大錢，如果有，我想以後你也會不厭其煩的加上去。

因為工作的緣故，我一直都在幫忙很多公司評估內部的制度，或者深入了解產品提出建議，我深深了解到，經營其實本身就有很大的風險，雖然我可能提了一個不錯的想法，但是真正要執行得好，並且獲利，這一路上有太多的細節和風險必須面對，真正承擔風險的不是出主意的人，而是投入資金資源的人，要說能因提出 idea 而要求什麼，真的很難去評斷。

● 掌握思維界線，格局收放自如

有些人的思想格局是很開放的，但盡管如此，我們也不能全然認為所有事情都是如此，他們心裡必定有一個地雷區是不可以踏入的，因為那是「核心know-how」，是他們不容侵犯的領域。如果我們假設每一個人其實都是這樣，那就不難理解當我們誤闖「禁區」時，對方會有如此激烈反應的真正原因。

一間高速成長的公司，他們思想開放的範圍很廣，地雷區比較小，但是一個穩定獲利且穩健成長的公司，他們思想開放的範圍比較小，地雷區比較大。我們也可以用80／20原則來看待「漫遊區」與「地雷區」這兩者的比例。

這兩者間的不同處在於，小公司由於剛開始，最需要的是外部的資源，因此他們需要開放性的思維，快速尋找資源，至於自己有什麼情報被競爭對手知道，那一點也不重要，因為人家未必會認為這是什麼了不起的事情，與其擔心這個不如多跑幾個客戶，把力量用在推動前進才是當務之急。

反之，當公司發展進入平穩狀態時，與客戶間的交易模式、產品未來的走向、市場的看法，以及公司的營運狀況等，都需要有所保留，因為不知道消息走漏之後是不是會造成負面的影響？對於處在這階段的企業來說，將無法評估的負面風險在一開始就有效預防住，而不要演變成一場災難，才是更重要的任務。

《社群網戰》中的札克柏格因為關心自己寫出來的 facebook，所以可能涉嫌設局剷除危害 facebook 的人。當我們自己一手拉拔出來的作品、事業、產品…等發展到一定的程度，吸引我們大量關心時，我們也會變得想要緊緊守護，自然而然會收緊開放思維的界線，產生較強的防衛心態。這現象並非不好，畢竟商場如戰場，企業領導者要守護的不單單只是一間公司，還包含公司股東以及企業內員工的權益。

讀後速記

※因為有自信與實力，我們能透過良性競爭，與對手企業合力把市場做大。

※別受困於現階段的表象，拉高自己思考的格局，才能做出更具遠見的決策。

※思維開放的界線並非一成不變，因應不同階段的發展，領導者應懂得適時收緊或放鬆。

⑭照顧好自己，就對了

有一個職場問卷調查數據裡提到，最不會照顧自己的人竟然是「科技人」，這結果讓我很訝異，因為科技人總是獨善其身，不太會去麻煩別人，我想不通到底什麼因素會讓科技人名列最不會照顧自己的人榜首？常聽朋友打趣的說，漂流到荒島的魯賓遜，如果不是會一些些手工藝，怎麼可能還活著？科技人與魯賓遜相比更是強多了，可能還可以在荒島上弄個太陽能什麼的，或者利用一些機械原理讓荒島的生活更愜意一些。

●再低的機率都沒人敢說不會發生

為了解除對調查結果的滿肚子疑問，我試著問問周圍的朋友，做了個簡單的調查，瞭解他們對於這件事的評論。「不信邪」與「鐵齒」是科技人最被大家詬病的地方，他們都不認為災難會選擇降臨在身上，因為機率太低了。

二次大戰的時候，莫斯科有一個數學家，每次德軍空襲的時候，他都老神在在地呆在家裡，從來都不去防空洞。有人問他說，你真的這麼勇敢嗎？他的回答是：「莫斯科有七〇〇萬人，每次空襲被炸毀的房子推算回死亡人數不到一〇〇人，所以被命中的機率太低了！」過了一陣子，有一天這個數學家竟然也躲近防空洞了，大家很驚訝，問他說：「以前你都說機率很低，不用躲，難道最近機率改變了嗎？」數學家回答說：「莫斯科有七〇〇萬人，但只有一頭大象在動物園裡，昨天晚上那頭大象被炸死了，所以機率即使再低，還是會有發生的時候！」大部分科技人都要看到屍體才認帳，然而正因為這樣，他們深信的合理推論卻使得他們無法照顧好自己。

很多朋友分享親身的經驗，科技人常常會聽到親人抱怨，說他們總是認為感冒不會傳染到自己、抽煙喝酒不會傷害身體、熬夜加班不會影響健康，對於未來的風險沒有預防，總以為世界是自己一個人活，所以自己就算死了也沒什麼關係。

最近一位好朋友出了車禍重度昏迷，一直都沒有醒過來，他的雙親、妻子、小孩都因此付出了代價，而且是很沉重的代價，不只沒有了經濟來源，還要面臨大筆的醫藥費用。其實不管是什麼職業，我們可以很瀟灑，但是親人們沒辦法，面臨這種情況，我們不但無法再承擔家計，反而會成為最大的拖累。

「不可能是我！」當我問一些年輕朋友們，有沒有做些保險規劃？有沒有注意自己健康狀況？開車騎車有沒有很小心？每個人都說：「安啦！機率太低了！」這讓我想起了莫斯科動物園裡的那一頭大象，機率再低還是會有命中的時候。

●人生總有些事由不得你自己承擔

「財務規劃不穩健」則是科技人第二名的詬病。科技人難免義氣相挺，結果把別人的錯誤拿來自己承擔，而沒有考慮過自己與家人是否承擔的起。「這是我一個人的事情，我自己會承擔，幹麼要家人承擔？」這句話聽起來就不合邏輯，有了家人，就沒有「自己的事」，萬一我們出事了家人會沒事嗎？家人會不關心嗎？除了保險，還是得為自己與家人存一筆退休金吧？難不成老了想靠小孩來養？如果是這樣，那又何必瀟灑地說自己會承擔呢？

「小孩子性、不成熟」是很多人對於科技人直拗脾氣的評價，仔細想想，我們是不是好像除了面對工程的事情之外，大部分的事情都不是很理性，財務的事情也沒有想好，總是認為明天還是會有薪水，沒了薪水可以去擺路邊攤，「天真！」是對於這種想法的最直接感嘆。

至於熬夜加班，這個問題說實在是個無解的問題，因為我們總是希望努力拼一陣子賺一票，然後才有好日子過。這種想法並沒有錯，只是偶而也要適當休息一下，或者自己注意飲食，「總是讓人很擔心。」是很多科技人親人共同的憂心和抱怨。

●讓時間複利累積實力

此外，「弄不清楚自己的價值與未來的規劃」也是蠻多人提到的詬病，尤其是擔任高階主管的人對時下年輕科技人的看法，我們常常聽到「四十歲以後不再寫程式了！」或是「要接觸新鮮的東西才算學到東西！」的說法，身為科技人，不管是擔任業務、PM、經營管理階層，都還是本能地利用自己的工程背景來強化個人與組織的效率。

我聽說過不少中年創業的人，把以前對於IT的知識運用在自己的事業裡面，獲得成功的例子。程式或者自己所學的技巧技術，都是工具，一輩子都會受用，純粹看我們怎樣運用，千萬別忘了，「累積」是成功的關鍵因素，累積工具、累積人脈、累積經驗、累積資金。相對地，沒有投入時間與精力，只是蜻蜓點水的碰觸新鮮東西，就不會有太多「累積」。

不會賣東西就想創業，雖然這股傻勁讓人欣賞，但是因為現在已經是生產過剩的時代了，很多過去成功的人現在也不成功了，更何況是剛起頭創業的科技人呢？習慣上我們說：「找到出海口，才會是事業開展的重要關鍵。」科技人常常會經營公司到了快要倒閉，才覺悟說「要做客戶想要的東西」，而不是「我們想做的東西」或「具有創意的新東西」，這著實會讓投資人捏了一把冷汗，想要把事業做好，就得先把現金流顧好，再來看理念理想才會比較穩健。

樂觀是一件好事，不過最好要把後果想清楚，就像我們面對自己的工程專業，會把前因後果想清楚，如果把這個精神與方法用在照顧自己與家人身上，其實科技人也可以把這些事情做的很好。

讀後速記

※人生中無時無刻存在風險，不管發生機率再低，你都無法得知自己的不幸是否就是那千萬分之一。

※成熟的人，做事前總會思前想後、評估後果，而不只求當下的痛快。

※累積知識和技能，找對了標的物，就專心一志、持續鑽研下去吧！

⑮溝通，要清清楚楚

朋友的公司最近升級了電話會議系統，導入視訊功能，讓大家可以看到彼此。對此，我感到有個疑問，如果只是想讓開會的人看到彼此，花那麼多錢導入視訊功能似乎有點浪費，因為開會本來就只是講話，看不看到對方似乎沒有太大意義。

但朋友的主管給了我另外一個觀點，他們認為，消極的意義是與會的人因為會被看到，所以會比較專心也不會亂跑，積極的意義是很多的溝通，需要看到產品本身或討論物件的影像，如果沒有看到具體呈現，開會討論再多都還是不清不楚。

◉確認、確認、再確認

「清楚」是溝通的最基本原則，不過也是最容易忽略的點。我們在溝通的時候，往往會有預設立場，認為對方應該已經具備足夠的知識可以理解我們所講的，可是實際上並非如此。對方可能似懂非懂，也有可能裝懂，因為好面子，很少人會在當下主動提出問題，在場的人越多，這種現象越明顯。

但我們無從檢驗起對方接收到我們所傳達資訊的完整度，專家發現，高達70％以上的溝通，對方不是接收率很差，就是搞不懂我們在講什麼。或許有人會歸咎中文有很多模擬兩可的文字與名詞，但經過分析之後發現，問題不在語文本身，而在於溝通的技巧，而溝通的技巧又決定於發出訊息的人對於「清楚傳達」這件事情下了多少功夫。

一個企業經營好壞，最重要的開始就是溝通，如果我們沒有刻意讓溝通變清楚，部屬們難以把事情做好做對。而面對面溝通，要對方把我們剛才講的事情重複一遍就是很好的方式，這種情況通常是在上級對下級的場合，當場確認對方接受程度。例如是需要執行的事項，就請對方描述一下他預計要怎樣做，我們再就他所說的做法評估是否正確，還是需要當場調整。

溝通需要成本，如果能一次溝通完畢，就可以減少後面的損失或懊惱。平輩間的溝通，我們可以透過不同角度的描述，以及問一些試探性的問題，來了解對方接收了多少？對上級的溝通，我們只要從對方問的問題就知道上級到底理解了多少？但無論如何，一個清楚的溝通，一定要堅持做到當場確認的動作。

●目標明確，事半功倍

我認為大多數人都是「身體勤勞，心理懶惰」的，我們寧可順著內心的急迫感，趕快動手去做，也不願意忍耐一下，多蒐集資訊，多思考琢磨，甚至不願意做個實驗確認看看，以確保執行時能一次做到好。但其實思考成本是低的，而執行成本卻是高的；如果我們常常讓自己或部屬們做虛功，代價會是信用的損失，以及士氣與執行力的低落。

往往老闆的催促，或者我們自己急著下結論，認為先做了再說，在不清不楚的情況下，雖然我們可以說是摸著石頭過河，可是至少也得弄清楚河有多深多寬呀！要思考什麼？簡單講就是「弄清楚」，如果是數字可以算的，那就算清楚，如果是執行環節仍待確認的，那就做測試或去尋找新的資訊來讓迷霧明朗化。但是要讓事情清楚，就必須要由「資訊資源」較多的人來擔任思考並決定方向的工作，也就是說，主管先弄清楚到一定的程度，再跟部屬溝通交代任務會是最好；如果不管三七二十一丟給部屬先弄出個東西來再來看怎樣做，方向往往被誤導了。

●溝通內容要重質不重量

「一次一件事」是溝通的要訣，除非我們很清楚對方的能力，以及彼此的默契很好，否則一次丟一堆事情，肯定會有事情疏漏的。因此，一封email也不要談太多主題，就在同一個主題裡面談，以免主題沒談好，又分心到其他議題上了。客戶常常會提到，簡報不要超過30分鐘，不然誰也沒有辦法維持那麼長時間的專注，而且還能記住一半以上內容的。

以前在學習做power point時，我常常被告誡，一頁簡報不要超過三個重點，超過之後就會「沒有重點」，因為別人都被過多重點搞模糊了。注重自我的工作效率外，如果要成為主管，就必須要注重溝通的效率，不是塞一堆東西就是溝通，也不是講一兩個小時就是溝通，如果有10件事情要講，那麼可以分三、四次，按照輕重緩急先交代，等完成之後再來交代後續的，別以為一次全部講完就已經成功了一半，那只是心理上舒坦了，別忘了，70％的內容已經在溝通過程中遺失了。

條列式是很好的溝通方式，很清楚讓對方知道，必要時對方可以逐條確認是否有做到，當下次再溝通時，我們也可以清楚說出哪一條沒做好？而且對方也可以逐條回答，這樣子很快就可以把問題收斂到一定的程度，並且可以量化，盡量明明白白指出來，一項項列清楚，盡全力減少模糊的空間，否則別人是很難跟我們合作的。

有些領導者認為，最好像古時候的高官，讓底下的人來猜我們的心意，才是最好的領導。但我們要知道，古時候的環境與現在不同，我們可以搞神秘感、搞權謀，但是競爭對手早就超前過去了。

照片、圖表也是很清楚的溝通方式，我有幾個朋友常常就拿手機或相機照相之後，用紅色圈圈指出要點，這樣子看到的人很快就能夠理解並且採取行動，否則還是要再用 email 與電話往返確認，平白浪費時間。

當我們看到溝通雙方陷入了你來我往雞同鴨講的 email 時，必須要當機立斷第一時間拿起電話用講的，不然就改面對面用寫的用畫的，堅持把事情講清楚。這個習慣與文化必須要從自己開始，而且很多主管怪別人把事情搞得一團亂，或者認為部屬執行力不足，往往都沒發現是自己先不清不楚的。

讀後速記

※一個企業經營好壞，最重要的開始就是溝通，而「清楚」是溝通的最基本原則。
※一個清楚的溝通，一定要堅持做到當場確認的動作。
※溝通重的是質，而不是量，條列化、圖像化訊息，精要或階段性地讓對方接收，成效就會展現出來。

⑯怕冷場？來點酒精吧！

有次參加一個國際規格的制定會議，議程中有一天是「共進晚餐」。

我是一個不喜歡交際的人，尤其是跟很多外國人交際，但是想想，來都來了，於是也只能硬著頭皮去參加。

由於各大國際公司彼此之間態勢分明，因此晚餐的座位演變成為歐洲人一區、美國人一區、日本人一區，而我只有一個人，就跟日本人坐在一起。這種場面對我來說有點尷尬，也不知道該聊些什麼才好，總之就是有一搭沒一搭，談一些文化差異或者語言差異的枝微末節。有人建議大家來些酒，於是啤酒就開始源源不絕送上來了，很快地，原本矜持的人開始滔滔不絕，公司與公司的界線也模糊了，有個荷蘭小夥子繞著桌子跟大家乾杯，有個德國公司高層甚至就坐到日本人這一區來，講他帶自己小孩去湘南的故事。

●來點酒精幫助關係發酵

之前因為某次去韓國的經驗，讓我對於出差喝酒留下不好的印象，客戶喜歡拼酒，雖然我對自己的酒量還有點自信，但是比起他們還真的差太遠，於是常常吐到抱著馬桶睡著，可是又不好拒絕客戶，怕被認為「不上道」。不過這一次參加會議的小酌，卻讓我印象轉好，在微醺的狀態，世界各國的人的行為都會變得同步，大家也更有buddy-buddy

的感覺，讓我不得不承認，要讓彼此之間的距離更拉近、融洽，適當的酒精催化似乎有其必要性。

不過我們常常會有一個疑問，本來陌生的雙方，是可以透過喝酒融洽些，但是如果是談生意呢？很多經驗灌輸我們還是得去喝酒，甚至有很多地方不喝酒就沒辦法做生意。其實不盡然如此，喝酒多少有種招待的感覺，輪流招待對方，算是找個藉口出來碰面吃飯。

然而這種場合很難說真的可以談成什麼生意，我的經驗是常常對方喝矇了，答應了一些事情，隔天再跟他們確認，結果又全然否認，畢竟所有事情都可以拿自己喝醉了當藉口。甚至我發現，喝過頭反而得罪人的機會比較高，有好幾次在中國，我自己喝掛了，對方也醉了，敬酒時我沒什麼反應，對方因此勃然大怒，好久好久雙方的關係都很難恢復，貪杯絕對會誤事，這種情況屢試不爽。

所以，淺嚐培養交情反而是比較正確也是比較好的方式，找個格調高一些的安靜場所喝酒，也不至於會被吵鬧的音樂逼得大家非得大吼大叫不可，反而比較不容易誤事。一般喝兩杯大家話匣子就開了，有人認為這時候最適合觀察一個人的品德或適合講一些檯面下的話，反正說錯了罰酒就好，不過我認為建立一個融洽的氣氛也很重要，讓合作雙方感覺到彼此是在同一個圈子中。

● 有酒無難事？別傻了

雖然說我們可以跟客戶私底下作朋友，但是遇到了生意上的事情，難免還是要公事公辦，有些人會把酒友關係與商場關係扯在一起，其實這並不適當，因為沒有人會為了酒友賭上自己的信用，也沒有人會只因為跟我們喝了幾杯就義無反顧挺我們到底。

有幾次的經驗，客戶在翻盤的前夕，跟我們愉快地喝了幾攤酒，一點也都沒有任何跡象，但是隔天坐到會議桌前時，才發現對方是有備而來，沒有心理準備的我們當然就被殺得潰不成軍。或許這也是一種談判的戰略吧？電影裡面當一個大人物要告訴來訪的客人一些「令人震驚」的訊息時，往往會放一些冰塊倒一小杯威士忌，兩個人先喝幾口，等酒精效用發作了再來講，又或者雙方談僵了，藉由倒酒時的空白時間，緩和一下彼此的情緒與思緒，喝點酒放鬆一些再來談過。

我有位朋友事業做得相當成功，在退休前他常叮嚀員工與部屬：「談生意不要在談判桌之外。」簡單說，就是要談生意時的時候就專心談，要盡興玩樂時就專心玩，因為談判桌之外就只有「酒與美人」，年輕人血氣方剛，對於這兩個生意上的陷阱很容易就掉進去，個人損失是一回事，誤了公司的事情就很難善了。

一般而言，吃完飯，找個可以談話的地方喝點酒，算是很正常的流程，在精神好的情況下把事情談好，同時也把友情維護到，有些人喝茫了，酒後吐真言反而把客戶給嚇跑。設定好底線，大家見好就收，日後也才好相見。

●喝酒也得喝得有策略

在國內，敬酒一直是飯桌上常見的禮儀，事實上，我們也把這種行為帶到跟外國人做生意上。一對一的敬酒是一種敬意，也是一種化解，美國總統雷根曾經在國際的酒會上，私底下對俄羅斯的高層一對一敬酒，成功化解對方談判的心防。在公司的餐會上，往往很多人都習慣一個一個敬酒，以培養彼此的感情，或者化解可能的心結，這都是不錯的做法。

我朋友的父親是國內大型公司的董事長，每次公司聚會，他都會跟每個員工逐一敬酒，並且詢問對方家庭狀況如何？小孩的就學情形？這種方式讓所有員工都死心塌地跟隨，因為感受到尊重，同時也覺得上頭的人真的有在關心。所以百分百排斥喝酒並不是很好的事情，但要有目的而喝，並且必須要節制，如果只是應酬拼酒，就安排幾個人來擋酒，以免失態誤事。

根據調查，喝不喝酒跟事業成不成功並不成任何比例，有很多成功的企業家滴酒不沾，同樣的也有一些人酒國商場兩得意。不過，就從緩和僵局與人際關係的角度來看，喝酒確實有其必要性。很多職場上的不愉快，都可以在主動敬酒的過程中得到緩解，也可以在微醺的氣氛中，更開放的接受資訊。

中國歷史上有位著名的談判大師——周恩來，他在國民黨與共產黨重慶會談時，每天宴會喝酒不斷，但喝完酒回到辦公室，當大家都以為已經灌醉了談判主帥，他轉頭立刻投入工作10幾個小時，把國民黨殺得措手不及。

著名電玩「勇者鬥惡龍」的原著漫畫裡面說：「魔法師的責任，就是在大家都喝醉的時候保持清醒！」商場上也是如此，我們必須要保持清醒，雖然氣氛會煽動人狂喝，但是當我們身上肩負著責任，就必須時時提醒自己克制，如此一來，來點酒精應該是有助於生意的！

讀後速記

※適度的酒精催化，能夠幫助彼此關係的親近與融洽。

※喝酒誤事的經驗告訴我們，我們該拼的是事業，而不是酒量，一時的醉言醉語又怎能當真。

※喝酒應酬，得要有目的，若能搭配策略，在競爭中你將可能獲得更多盟友，擊倒更多對手。

⑰圓滿，讓大家好「感心」！

如果我們曾在職場上傷害過人，或曾跟人起過爭執，是不是常會變成心結揮之不去？別人怎樣我不是很清楚，但至少我就是這樣，常常心裡面有很多事情覺得要去彌補，卻再也沒有機會。這種感覺令人很難受，隨著工作久了累積越來越多，心情也就快樂不起來。這似乎是常見的情況，因為害怕自己傷心，所以就乾脆把自己封閉起來，隨著職場生涯漸長，越會保護自己，讓自己變成榴槤族，表面上很強悍，裡面卻五味雜陳。

●用誠摯的心意化解所有阻礙

某天，我拖著行李經過了機場的免稅商店，不知怎麼突然有股衝動，想買些巧克力送給最近在工作上盡力幫忙過我的人。回家之後我把巧克力包好，隔天寄了出去，心情上突然覺得有點輕鬆，我相信收到這個巧克力的人會很高興，因為我讓他們知道我很感謝他們給我的幫忙。漸漸地，隨著送出去的東西越來越多，工作也就越來越順了，我想，或許大家不見得都喜歡吃我送的東西，但我心裡面的壓力漸漸減少了，事情也就變得更圓滿。

又有一次，我不知為什麼在辦公室裡面跟同事爭執起來，其實我也沒有惡意，只是有些意氣之爭，討論到後來，眼看就要不歡而散的樣子，我決定放下自己的意見，走過去拍拍對方的肩膀，並拍一拍對方的手，讓彼此緩和下來，我不希望走出會議室的時候，彼此還有心結，這個動作似乎有效，我們放下彼此的成見，重新再討論過一次，果然就把事情解決了。

送人家東西，或者肢體上的接觸，都是想傳達一個訊息：「誠心誠意的謝謝與體諒！」以前很多長輩常常跟我講「放下」的道理，我總是認為：「為什麼不是對方先放下，而是我要先放下呢？」可是事情沒有放下，總是在我心裡面梗著很久很久，甚至很多年。後來我終於理解了，誰先放下不重要，重要的是自己心裡何時才能放下？我常常跟朋友講：「上天賦予我們聰明智慧，就是要讓我們能夠改善當前的狀況，讓結局變好。」可是我自己卻總是忽略掉，聰明智慧也得用在情緒、言語與行為控制上面，而不只是想解決辦法，卻忽略掉人與人之間微妙的感受！

蔣勳先生在他的《紅樓夢講評》中說：「累積委屈會造成仇恨。」這個仇恨並不一定是在對方心裡，有時候是在我們自己心中，妨礙著我們感受善意，同時強化了敵意。我認為，如果感覺到委屈就不要去做，不然就是做了要說出來，否則委屈會侵蝕兩個人之間的關係，即使再親密都是如此。

中國的文化強調逆來順受，如果是心甘情願，那倒還好；如果不是，那就要認真思考要不要把苦往肚子裡面吞，想想怎樣把事情做得圓滿，而不是想著忍一忍就算了。不正確的互動關係，往往會在未來發生問題。而要讓事情圓滿，並不代表真的要花錢送禮物，有時誠心的問候、簡訊與email中的笑臉、握手，都可以讓彼此之間的烏雲消散，只要能在第一時間，或者不要拖過三天之內採取行動，幾乎都會有善意的回應。

● 一樣是做人，結果大不同

在社會上工作，很多人都會說「做人」最重要，可是什麼是做人呢？我想就是要學習把事情做到圓滿的技巧。任何事情不可能面面俱到，工作上也不可能討好每一個人，於是我們就需要做一些事後的修補，即使是當面講清楚都算是一種做法。或許我們以為員工都可以了解，其實不然，尤其是如果做法太過粗魯，常常讓同仁感到很受傷。

我認識一位主管，每次找部屬來開會的時候，劈頭就說：「我根本不知道你在做什麼！」這讓他底下的同仁感到很受傷。嚴格一點是很好，但是涉及了人身攻擊就需要去彌補，不能以「同仁EQ不高所以才會受傷」這樣的想法來卸責。事實上，我們以為的草莓族，所謂無法承擔工作壓力，也都是因為公司主管與同仁並沒有把人與人之間的關係做到圓滿所導致。

我有兩個朋友都在同一個公司擔任主管，姑且稱他們為A君與B君，兩個人底下都有一些小主管要向上晉升。A君總是會花一些時間，與預定要被晉升的對象談談，告訴他公司想栽培他，希望他也能努力爭取，之後再派多一些責任與任務給部屬，部屬也順利晉升。B君則是想著，反正晉升也是一種壓力測試，所以什麼都不講，就丟越來越多的工作，結果到後來找部屬來告知他可能有機會晉升時，對方已經找好新工作了。

◉尊重是溫暖人心的太陽

圓滿所要圓的是「對人的尊重」，人才對於企業是相當重要的資源，可是我們嘴上這樣講，實際上卻往往沒有花心思在「尊重」這件事情上面，有些公司等人跑了，才來追究為何會白白幫對手製造人才，說到底，還是得怪自己吧？

領導者的素養，除了言行節制之外，對於人才的禮遇是很重要的訓練。大部分的企業興衰都跟人有關，把上司部屬以及同事間的人際關係做到圓滿並不需要過份做作，也不需要時常舉辦派對聚會什麼的，該講清楚的要講清楚，如果事後發現有可能造成不舒服或者心結的，一定要當面跟對方把事情解釋清楚。雖然不一定要做到讓部屬感動，但一定要讓部屬覺得「感心」才行。

某次我在中國出差時，晚上看「百家講壇」節目，談諸葛亮剛進入劉備陣營時，為了避免才高遭忌，於是除了在工作上盡量與同事充分溝通之外，也花了很多心思在照顧同事的生活，協助他們處理生活上的事情，在不涉及金錢借貸的範圍內給予幫忙。總之，想要有所成就，就必須要注意別讓小事情把自己絆倒，光是小指戴尾戒防不了小人，把事情做圓滿，會比較有用一些。

讀後速記

※聰明智慧讓我們能夠改善當前的狀況，讓結局變好，但我們不應只是想解決辦法，卻忽略掉人與人之間微妙的感受。

※誠心的細微小動作，都是化解彼此怨恨和敵意的良藥。

※用真心去觀察對方的困難、需要，讓對方了解你認同他的感受及處境，你就能逐步拼湊出圓滿的生活。

第 3 章

行動前，先想一想！

你是一個有膽識的人嗎？或者你總是公司中的正義使者？

不管多麼有guts，對的行動或許有機會一飛沖天，錯的決策可就要有重整腳步的心理準備。

不管你是冒險型或乖乖牌，在採取行動、甚至說話前，請先思考再行動！

⑱仗義執言的轉彎哲學

聽說，國內許多公司充斥著黑函文化，動不動就有人寄黑函給老闆告狀。現在網路越來越普及，公司員工只要情緒一來，順手就把email往返的完整記錄轉寄給上級已經是司空見慣的事情，我認識的幾個朋友，每一個離職前都發過要求「清君側」的email給老闆，不過往往都是在被上級約談之後，黯然離職收場。

現代的企業管理，經營階層們重視的是「建議」，而不是「批評」，如果跳出來開一槍，造成混亂後自己卻也不會處理，的確是有點不負責任。儘管我們認為提醒高層冰山出現了是身為員工的重要職責，但忽略了問題的癥結在於，我們確定看到了冰山嗎？還是只是看到了海市蜃樓？而我們又為什麼會認為經營階層沒有看到這一切呢？

●敢衝撞直言者，往往被同僚所背叛

友人提到，3M要求員工每天要騰出15分鐘時間做一些與公司不相關的事情，最主要的目的是希望同仁能夠提出更有創意的案子；Google的辦公環境跟度假村沒什麼兩樣，

隨時可以去餐廳吃大餐，每個人管好自己的進度就好。這兩間企業的例子裡面充滿對員工的信任。

反觀一般企業上班的環境，雖然公司嚴格禁止，但是員工每天還是會至少花超過15分鐘時間做一些與公司不相關的事情；雖然各單位專案負責人努力跟催，但是案子的進度就總是一再拖延；我們努力強調紀律，強調團隊，不過總是有人打破紀律，或者在進度上落後害了團隊。

在我唸高中一年級的時候，學期結束導師發了一張字條，請我們寫上我們認為哪個人是班上的害群之馬？絕大多數的同學寫上了在校慶籌備活動時，沒有積極參加討論，反而坐在旁邊自顧自猛K書的同學名字，於是這個同學莫名其妙被記過了，只因為他說準備校慶幹麼？想參加的人參加，想唸書的人唸書就好了，幹麼弄成團體運動？

最近一個朋友的公司導入了一套新的人事管理制度，每一年要裁掉公司裡面績效最差的5％員工。這個5％怎樣決定呢？很民主的是發問卷讓同仁填寫名字，最高票的那幾個就要捲舖蓋走路，我朋友只是因為在主管會議上建議廢除這種造成工作情緒扭曲的制度，結果在這一年結束的時候，他成了最高票當選該走路的員工，他氣憤地說，明明大家都支持要廢除制度，可是當他說出來之後，反而是他中箭落馬。

在這兩個實際例子裡，受害者都說了實話，但是結果不是沒穿衣服的國王反省，而是說實話的人反而被要求，要跟國王一樣脫光衣服。

◉揭發真相你挑對方法了嗎

康熙皇帝號稱是中國第一明君，但是他也是有名的監控大王，往往安排自己的心腹在官員的旁邊記錄官員的舉止，然後在調任的時候回報中央。其實老闆們都是很八卦的，都渴望知道基層幹部的聲音，絕大多數的企業也都放了「意見箱」，但是回收內容根據統計，口香糖包裝紙與煙蒂佔了80％以上。問題不在於誰敢說國王沒穿衣服，而是當我們說出真相時，惱羞成怒的高階主管會有什麼樣的動作？

我曾經擔任過一家公司顧問，他們明明產品銷售很差，但是業務為了每個月的績效，拼命要求下游廠商進貨，即使屯放在倉庫裡也好，反正就是要吃貨。後來我看不過去，發了email給老闆報告這件事情，老闆把email轉寄給各階主管問說是否有這回事？本來我期待老闆英明地處理，以免公司因為產品滯銷發生問題，結果反而是我被解雇，還得擠出微笑謝謝大家的指正。沒過多久公司倒了。後來我才知道，明明國王知道自己沒穿衣服，還騙自己正穿著華麗的袍子，期待堆積如山的庫存會突然暢銷，以為他的運氣不會這麼背。

「是你使用的方法不對！」同樣也是擔任企業顧問的前輩對我說：「其實有70％的公司，老闆都被底下或大或小的利益團體所矇蔽！」這數字挺嚇人的，不過仔細觀察自己的公司，確實如此，能不要讓上面的人知道的事情就不要讓他們知道，爆出來的時候裝做一臉無辜就好。就算你批評的不是老闆，打狗也要看主人，別太相信童話故事，會英明到接受別人當面指正的老闆打著燈籠也難找。

「你只要給老闆數據與很淺的暗示，讓他自己去發現問題。」試著拐個彎告訴國王，讓他不會覺得笨很可恥，也不會忽略基本的商業法則，到雜誌裡面找別家公司的例子分享，或者有意無意轉寄別人寄來的相關文章，這些都是不錯的方法，選擇直接喊出「你沒穿衣服！」的人，不懂得給人台階下的技巧，被處罰也是活該。

黑函往往是老闆用來制衡公司裡面各座山頭的重要資訊來源，有些老闆或主管甚至會來跟你說，他知道誰有問題，暗示你去把他指出來，幫助老闆搬開石頭讓公司順利變革。明朝的皇帝最喜歡來這一套，把重要證據給了下面的人，然後讓這個「正義使者」出面，如果順利成功，就可以把石頭搬開；失敗了，就把這個正義使者砍了，完全不必弄髒自己的手。

仗義執言並不是什麼了不起的事情，但要避免太過莽撞，先冷靜下來想想，是自己知識淺薄亂下結論、還是自己是被利用的棋子？而自己又有沒有足夠實力的將對手一軍呢？如果我們真的發現了大家都還沒看到的冰山，也別急著想搶頭香，先試著跟主管討論看看，畢竟不管好壞，功勞絕對不會是我們的，又何必堅持自己是國王新衣童話裡面那個睿智的小男生呢？

讀後速記

※企業中不免都有各自不同的問題，就算你忠心耿耿，一旦選錯表達方式和對象，也會置你於死地。

※有十分的證據，說七分的話，留點空間讓對方操作，你才能全身而退。

※在企業或團隊裡，搶著出頭急於表現睿智的人，通常都殞落得很快。

⑲你以為你是誰？

有位老朋友以前擔任大公司的高階主管，有權有勢，很多人巴結討好他，他也以自己人脈廣闊自豪。後來自己出來開公司，漸漸地卻沒有人理他，直到現在公司關門了，朋友坐在我面前罵這個人罵那個人，喋喋不休。

我並不喜歡聽別人發牢騷，但當看到眼前一位老朋友神情憔悴的樣子，我只能耐住性子聽著，他說：「我現在終於了解這些爛人有多現實了，以前對我鞠躬哈腰的，現在有哪一個願意對我伸出援手，虧我以前對他們這麼好！」

我看了一下手機上的時間，這樣耗著不是辦法，對他也沒有幫助，於是我把心一橫，打斷了他的話，劈頭就問：「你以為你是誰？」

●瞭解利益為先的殘酷現實

他當場愣在那邊，拿著咖啡杯的手看起來氣得發抖，「你有沒有想過，以前因為你是大公司的高層，人家來找你不是因為你個人，而是因為你們公司！」絕大多數的人都沒有這種自覺與體認，總是認為我在這裡很行，所以到哪裡都很行；卻沒有想過，很行的原因是因為我們被授權，而吹捧我們的人，都是為了分到好處。

這是「組織價值」，當一個人與他所屬的企業或團隊分開，這個人很可能變得不算什麼，因為別人要的是他原先所屬組織所帶來的利益，於是乎巴結的對象會馬上轉移到繼任者身上，這是人之常情，大家都會選擇巴結繼任者，因為大家都需要利益。而如同我朋友一樣會有這種「被拋棄」的錯覺，起因在於我們忘了自己是誰，也不願意承認其實光環是組織給予的，是團隊給予的。

有位長輩在他離開知名企業之後，有一次跟繼任者一起吃飯，席間遇到了從以前就很熟的供應商，當他介紹繼任者給這個供應商認識之後，發現自己馬上變成了被冷落的第三者，供應商當下就把繼任者當成是主角，變化之快，連他都嚇了一跳。另外一個例子，是我的某位朋友離開大公司之後任職小公司的高階主管，參加一個喜宴，席間有個和他年齡相仿的聯發科科技人，結果大家都是在跟聯發科的科技人閒談，根本沒人理會他，怪只怪他的公司跟聯發科相比，名氣小太多了。

西元二〇〇〇年，因為工作的關係我到了北京，與我們合作的是一個大學教授，姿態很高，看我們年輕小毛頭，他不耐煩的表情充滿了輕視，不過當他聽到我是交通大學畢業的，態度馬上一百八十度轉變，滿是尊敬之情，我不禁感謝起母校交通大學在大陸的響亮名號。

●吝於與合作夥伴分享利益，往往無法成就一番事業

有個朋友自己發明了一些東西在銷售，因為是新東西，成本也高，銷售成績並不太好，我想幫他忙，於是便介紹了一個人當中間商，協助他賣去日本市場。席間談得很愉快，直到對方提出要抽取銷售費用5％的傭金時，我這個朋友臉色變很難看，把我拉到旁邊說：「有沒有搞錯？他什麼都不用做，只是介紹客人，成交出貨都是我在談，就要拿5％？」我反問，你不是有60％毛利嗎？挪出5％來成交又有何妨？這個朋友鐵青著臉，隔天就拒絕了中間人，後來事業也做不起來。

我不禁感嘆，自己已經有很高的利益，分一些來推廣產品卻又吝嗇，只認為自己的產品很好，沒有想過通路與人脈的價值遠超過這個小小的產品，光想著自己要拿最多，吝於給別人利益分享，結果又如何呢？做事業不就是要成功嗎？開疆拓土的皇帝不也都是先講好分疆裂土百里封侯，家臣才肯以命相搏的嗎？誰真的是為了主事者個人，不就是看在利益的份上嗎？

說到底，這是格局問題了，產品固然有優勢，個人可能也有兩把刷子，但卻因此構

成了典型大頭症的起因，也成了未來失敗的遠因。產品有生命周期，在生命周期內就要用力去推，時間到了就該放，總不能為了計較別人拿多少就放棄機會吧？怕別人賺得比自己多，就會失去全部。

如果你天真地以為大家都永遠相信產品，永遠相信你個人，我的回答是：「的確是會的」，但只有第一次，而且時間最長也只有一年，超過之後沒人會再相信這一套，那些抱怨別人無情重利的人，是否自己也有一樣的問題呢！

●有錢能使鬼推磨

有個前輩離開原來的工作好幾年了，卻都還可以「遙控」該單位，並且磋商各種事情，甚至影響決策。我就很好奇，人已經不在位子上，沒有實權了，為什麼做得比在位的時候還風光？在一瓶高級洋酒的吹捧下，前輩直接講出重點：「就是利益分配！」以前在位的時候可以給小好處，現在不在位更可以給大好處而不用在乎烏紗帽，即使沒有任何頭銜與職權，當然還是能做得更大。

「別相信自己了，要相信錢！」這是事實，我也常常跟商場上的朋友直接講，離開學校之後，人生只剩兩種朋友會陪伴我們到老死，一種是推心置腹、兩肋插刀的熱血義氣，另外一種就是利益掛帥的君子之交。我們個人的價值，一定建構於我們背後的光環，即使是大明星，也不見得光環在自己身上，而在於產生價值的組織與利益分配體系上。這是血淋淋的事實，但人生的道路就是如此，早點知道會比較順利。

當然，這世界還是有美好的友情與動人的故事存在，不過大前提仍然是我們的腦筋要夠靈活，別人要拉我們一把的時候，不要在乎拉我們的手是乾淨的還是臭的，都快要掉下懸崖的人還在挑三撿四，那還是掉下去算了。俗話說：「可憐之人必有可恨之處。」要心懷謙虛的把握住能帶給自己價值的機會，把自己當作是無名小卒，才會看見未來的路在哪裡。

讀後速記

※當一個人與他所屬的企業或團隊分開，這個人很可能變得一無是處，因為別人要的是他原先所屬組織所帶來的利益。

※妄想佔盡所有便宜，而吝於與他人分享利益的人，通常什麼都拿不到。

※商場上的合作，資金、利益才是最重要的關鍵。

⑳職場價值觀別弄錯

曾經聽過一個故事：有一間工廠，把資深的員工資遣了，然後找來了一批新的員工，但是新的員工做出來的產品都有問題，不得已只好把之前的資深員工找回來。只見該員工用粉筆在機器上圈了一些圈，要求改善這幾個地方，果然產品的問題都排除了。該員工要求，解決這個問題需要一萬美金，計算方式是粉筆美金一元，解決的know-how是九九九九美元。

這個故事傳到後來，金額的部分已經有很大的差異，但是呈現的中心主旨「價值是由案子規模來決定的」從沒有改變，案子越大，即使是小關鍵，價值也越高，反之，小的案子，再大的問題，解決的價值仍然不大。

●價值錯置─「動用人脈零成本？」

前一陣子遇到一個朋友，他經商失敗，背了一些負債，正在努力工作還錢。私底下我問他，以前我看他做生意，也是非常努力，但是為什麼到後來失敗呢？是不是被人家騙或者是陷害了呢？他搖搖頭，只短短地說了一句話：「我沒有弄清楚自己的價值。」

這個答案讓我一頭霧水，但是看他也沒有想要講下去，當下也就算了。

後來聽一場演講，演講者提到，在公司裡面上班，我們常想：「我領這份薪水，最好是做符合這份薪水的事情，如果能超過這份薪水，那就更能呈現我在老闆心中的價值。」但，這觀念正確嗎？

這裡的價值指的是我們跟老闆之間的相對價值，但不是公司整體利益的絕對價值。在這種思考模式之下，我們會拒絕外部力量的幫助，只想要自己來，因為這是我存在這家公司的價值，不然老闆會說：「我花那麼多錢請你來幹麼？」

價值錯置，比起方向錯誤還糟糕，但卻是目前最普遍的現象。第一種價值錯置是認為「人脈關係免費」。這是大錯特錯的觀念，我們請別人介紹業務，如果獲利，試問有多少人會主動回饋給中間人？或者有多少人會事先跟中間人談好，他釋放這個人脈可以拿到多少利益？

其實，我們都把賄賂與利益分享搞混了，年輕的時候，或許別人願意幫你幾次，等到大家都有自己的事業後，比較利益之下，誰會選擇沒有利益就去幫忙別人呢？就算會，也只是期待可能可以分到利益，如果最後落空，那麼也不可能再幫「不上道」的人下一次的忙了。

所以我們在判斷執行一件任務的成本時，也需要把打點人脈的成本算進去，否則生意只會越做越小，路越走越窄。想想看，曹操當年每打下一座城池，自己分文不取，把所有馬匹，金銀珠寶全部犒賞部下，這樣的老闆不管我們喜不喜歡他這個人，當然願意跟他一起拼命。

◉價值錯置二「剛愎自用，不肯向外求援」

第二種價值錯置是弄錯自己對公司的價值。我們以為領薪水就該做很多事，這點是沒錯的，但是如果同樣的事情，外部的力量可以做更好，那就不應該自己堅持要硬幹，反而必須要將外部力量引薦給老闆，讓老闆去決定。我曾經聽說，國內一個大型集團遭遇到需要緊急進行危機處理的情況，但公司內部的人因為坐領高薪，從頭到尾沒有想到要尋求外援，只想著自己來。結果搞到不可收拾之後，老闆受不了了自己去找外援，才把整個事情挽救回來。

事實上，這些領高薪的同仁也都認識這個外部力量，只是害怕自己的價值被老闆否定，所以才不敢動用。很多災難的發生都是這樣子造成的，我們有很高的價值，但是我們也必須清楚災難的規模，是否在我們的知識、經驗、能力、人脈、資源等範圍內？如果不在我們能力範圍內，絕對不要掩護，趕快尋求外援，否則只有等著搞砸被老闆轟下臺。

◉價值錯置三「分不清問題的優先處理順序」

第三種價值錯置，我們比較常用機會成本來描述，邱吉爾說：「如果我們一直忙於過去與現在，那就失去了未來。」我們執行一件任務或是日常工作，常常到後來慢性麻痺，那些重要而且緊急的事情，是我們會立刻處理的，但是重要卻不緊急的事情呢？或者緊急卻不重要的事情呢？最糟糕的是，我們最常選擇的竟然是去執行不重要也不緊急的事情，反正先做起來放著再說。

重要的事情代表價值高，需要被優先處理，不重要的事情，雖然很緊急，但是仍然可以交辦部屬去處理，大多數的人都是被不重要卻緊急的事情絆住，結果到後來什麼事情都沒做好。事業做大了，部門變大了，就需要請助理與秘書，因為我們的價值在處理重要的事情，不重要的事情再緊急，也不應該干擾我們的價值。

第四種價值錯置，就是家庭與子女的教養。家庭關係的維繫，還有子女的管教問題，往往都是考驗情緒管理與價值觀。子女的教養，是十幾年之後才看得到的事情，父母如果不小心謹慎，到後來還是得為了自己的疏忽而傷腦筋。這兩個都是重要但是不緊急，一旦忽略，就會變成「失去未來」的下場。

微軟的副總裁 Tami Reller 在宣傳 Windows 7 時提到：「我們投入許多的協調努力，確保顧客能得到非常、非常好的價值。」現在的行銷，我們都談的是客戶能獲得的價值，這是品質、價格、服務，以及良好使用經驗的總稱。在客戶面前呈現我們的價值，才能讓他們掏腰包買下我們的產品，這已經是 Apple 的產品一再證實的鐵律。除了努力，我們需要腦筋清醒才有辦法讓自己維持在捍衛價值的路線上，因為有太多的干擾，引誘我們放棄對於價值的堅持。

讀後速記

※價值是由事件的規模來決定，事件越大，即使小關鍵也有高價值。

※當價值錯置，比起方向錯誤還糟糕。

※如果同樣的事情，外部的力量可以做得更好，那就不應該自己堅持要硬幹，老闆也許不會記得你能力不夠，但肯定會記得你把事情搞砸。

※大多數的人都是被不重要卻緊急的事情絆住，結果到後來什麼事情都沒做好。

㉑能者為何總過勞？

某次參加公司重要會議，在座的有董事長及公司所有高階主管，而我則因為工作關係列席，會議的目的是要決定出某個專案的專案經理人選，人資部門主管將一份名單放在董事長前面，由於案子非常重要，因此針對每個人選的討論也非常激烈。

突然，董事長開口問：「慢著，你們認為最適任的人選是A，原因是因為他的能力很強？」幾個主管點頭。董事長說：「那這樣我們要緩一緩，多思考一下，能力很強是很好的，但是能力是不可靠的。」聽到這段話我有點錯愕，我們不都是希望有能力強的人才來擔任重要職位嗎？為什麼在這裡能力強反而可能是缺點？

●強者的救世主情結

在企業裡面，我們可以用能力來推動組織前進，也可以透過建立制度來推動組織前進，前者的好處是速度快，立竿見影，缺點是人亡政息，只要這個位置換人，就有可能出問題；後者的好處是不管怎樣換，理論上該做的事情都是明確的，所以只要能適任，工作就不會有問題，缺點就是速度慢，沒辦法一下子就見到成效。

一般我們見到能力強的人，通常攻擊性也強，輕則數落指責別的部門，重則在公司裡面建立派系，大多數能力強的人不太瞧得起那些表現平平的員工，如果公司績效不佳，難免會散播對特定員工不滿或不利的訊息。當然，這只是部分負面的印象，也有很多能力強的人EQ很高，能夠將事情與人際關係都處理得很好。

董事長提出他的看法：「能力強有時代表會攬事情，而會攬事情就會造成壓力點與崩潰點。」我們常說，要教會別人釣魚而不是直接給魚吃，能力很強的人，難免會不耐煩，就直接拿來做了，結果變成事情都他在做，底下的人來不及學，或者學了也用不上。

為此，我向一位公認能力很強的朋友求證，他承認年輕的時候確實是如此，結果造成自己忙不完，什麼事情都要他才能解決，到後來並沒有辦法適當運用到團隊的力量。我想大家都能理解，一個團隊的競爭力強弱，不在於最強的那一個有多強，而在於最弱的那一個的能力有多弱。所以即使我們能力再強，也還是要看最弱那個人的表現來決定團隊的績效。能力再強也會遇到無力的事情，不能單純用能力來強力處理任何任務，時間、溝通、資源調度、資訊蒐集……等等都是可以用來解決的方法，而不一定要用自己的能力去強攻。

能力強的人的第二個缺點，是難免錯估別人的執行能力，所以有可能交辦很多的事情給屬下，但沒有弄清楚他們到底是否有辦法負荷，因為他認為自己可以，別人也應該可以。於是演變成領導者產生恨鐵不成鋼的懊惱，因為屬下實在沒辦法消化他的能力，也有可能會導致主帥太強，累死三軍的現象。

我不是說能力強的人都沒有同理心，而是在估算進度時，往往沒辦法正確估算出屬下的進度，總是認為可以再加速，或者可以再壓榨出一點資源縫隙塞東西，結果塞得滿滿的，導致大家什麼都做不好。

「能力強的人通常比較急燥、好強、好勝。」這個想法有點主觀，我認為應該修正為比較積極，也比較快速下結論。但因為企業經營、專案管理，或組織管理都有同一個特性，就是資訊不會同時一次到齊，隨著環境與局勢的變化，每天都有新的狀況產生，所以如果沒辦法評估資訊是否正確，倉促決定就容易發生失誤。

急著想要有結果，也要兼顧產出與結果的品質，有些事情需要大火快炒，有些需要細火慢熬，需要有經驗與歷練才能運用自如。我認為好強或好勝不見得是不好的事情，要看把這兩股力量用在哪裡？假如好強用在業務上，不服輸的精神往往可以感動客戶，好勝用在產品的品質管理上，堅持最好的品質與最低的價格，必定能給公司帶來良好的銷售與口碑。當然，如果沒有就事論事，用在公司裡面組織的競爭，槍口對內的時候難免就會擦槍走火了。

● 強者更要懂得「四兩撥千金」的工作哲學

我們常常喜歡把事情交代給能力好的人，因為這樣子就可以不用太多叮嚀，事情自然會做好。接收到這樣期待的同仁，難免產生壓力，有些時候也不太好意思拒絕，因為別人信賴的眼神，甚至有些時候用激將法來讓我們收下這個委託。

朋友就曾跟我分享他年輕時的經驗，因為能力很強，所以大家都把「難搞」的案子給他，有幾次他處理得很好，結果從此就大案不斷，甚至導致他自己都累垮了，身陷泥淖之中。直到後來他學會了放下面子，透過團隊的合作，以及自己建立的資訊評估方法，快速地將交辦的案子先做評估，確認自己的團隊是否可以做？是否有時間與人力來做？以及是否有足夠的資源支持？如果沒有辦法就學會拒絕，忍耐別人失望的眼神與難免的冷潮熱諷。

經過了幾天的評估，公司最後維持原提議，決定由能力最強的A同仁來擔任這個案子的專案經理人，搭配一位資深副總的指導。畢竟「虎御群羊尤勝於羊御群虎」，有能力的人才對於專案的推展仍然是最大的助力。仔細想想，能力強並不是成功的要件，最主要的是能否真正讓團隊發揮戰力，放下自己的身段與面子，並且嘗試以授權、溝通、資源調度等方式來達成任務。

在職場上，事情永遠做不完，想想看，十年之後我們的人生目標是什麼？是要把80％的力量用在那些如雨點般落下的事情上面，還是只用20％的力量來四兩撥千金，而把80％的能力用在開拓自己的人生呢？這樣，自己很強的能力才有得發揮，不是嗎？

讀後速記

※能者多勞，但聰明的能者該懂得避免「過勞死」。
※習慣一夫當關是強者的壞毛病，別忘記團隊永遠在你背後。
※每個人天賦、資職、個性都有不同，能力優秀的領導要知人善用，而不是一味以自己做標準強求下屬表現。
※企業打的是團體戰，一個人的成功固然值得掌聲，但懂得退位成就團隊的人更是難得。

㉒先把夢打碎再說！

朋友的妹妹談戀愛了，這本來不關我們這些人的事，但是這個朋友對於妹妹戀愛的對象感到很疑惑，常常希望妹妹先弄清楚對方的身分背景，早一點知道真相，才有辦法一起走長久的路。當然戀愛中的人不可能會先要求對方驗明正身，總是有一種盲目的信任，當然，有些人運氣好終成眷屬，有些人就被騙了一無所有。

後來在家人的壓力下，朋友的妹妹終於還是向對方要求檢驗身分之類的，也得到了圓滿的結果。我就有點好奇問朋友，因為我從沒聽說任何一個戀愛中的女性會願意冷靜下來驗明對方身分與誠意的，朋友說：「因為她想清楚了，要長長久久，一開始就不要作夢。」

●自我催眠的美夢陷阱

就像出了社會，上班第一天簽署保密合約、員工任職合約…等，這些都是要讓大家「認真當一回事」的工具與制度，如果一開始就模模糊糊，到後來總都會是不歡而散收場。不過大部分人的個性就是害怕損失，害怕美夢破碎，所以寧可抱著阿Q心態不去面對，就好像買了股票套牢，心裡面總是認為「反正不賣出去就不算賠錢」，這樣的心態常常害慘了很多投資人。面對這樣的心態，專家幾乎都會建議，要就研究清楚透徹，看準時機出手然後長期持有，不然就是定時定額，高高低低平均下來績效也不錯。

每個人都愛作夢，尤其是中第一特獎的夢，所以如果有很大利益放在我們前面，雖然我們心裡面會一直懷疑：「我會這麼好運嗎？」「為什麼是我？」但還是寧可作夢，也不希望這個利益泡沫破滅，因為一旦美夢破滅心裡會很難受。「可是如果一腳踩進去，到後來不可收拾不是更椎心刺骨嗎？」較理性的人大多會這樣問，的確，如果一開始把所有該檢驗的都檢驗清楚，確認自己的底線，後面的投資才有意義，也才能長長久久。

所以，我們必須常常提醒自己，還是把美夢敲碎吧！如果是一個美滿的夢，打碎之後真相呈現了會更美滿；如果是一個自己不切實際的幻想，或是對方編造出來的假像，早點粉碎它受的傷就越少。這道理任誰說起來都很簡單，也絕對不難理解，但以我自己的經驗來看，真正要百分之百做到，真的非常難。

◉別光想，親自去驗證看看

之前我代理一些小東西到大陸去賣，客戶成交幾次之後，突然就消聲匿跡，沒有再連絡，等到了該訂新貨的時候，不只沒有email，連一通電話也沒有。奇怪的是，我不願意去相信客戶已經跑了，換跟別人買了，我還是痴痴的等，每天幫對方想一種理由，例如：他們可能正在忙別的案子、大概是還有一些庫存沒有用完、可能我給的付款條件太硬、對方在測試我的耐心與底限…等等。

漸漸地，我轉變成認為如果先主動連絡，那就會讓對方知道我缺訂單，這樣子對方就有藉口與籌碼向我殺價，所以又拖了幾個星期。後來我跟一個朋友談這件事，他已經是商場老手了，一聽就說：「別作夢了，快點去聯絡！你幫他們想一百種理由不如一封email問清楚。」後來證實，客戶確實是跟別人買貨，不從我這裡買了，理由也很簡單，就是我比較貴。

想想我花了一兩個月，整天就是作夢，還不忍心把夢打碎，平白浪費時間，對於事情也沒有幫助！如果我第一時間不去幻想，直接去催訂單，要談價格就來談，要談付款條件也可以談，說不定客戶就不會移情別戀了！

●商機？轉機？傻傻分不清

機會分成兩種，一種是商機，只要自己有實力，錯過了還是會有；另外一種叫轉機，錯過了或許還有一兩次，但超過三次可能就無力回天了！面對轉機，要勇敢把夢打碎，不要去幻想，該求證、該問的就要問清楚。後來這位移情別戀的客戶還是回來找我了，當然我也把付款條件稍微放寬，但這件事情的轉機是因為產品品質，原來另外的供應商搞砸了，所以我們還是拿到訂單。面對現實，當然是很殘酷的，不過如果我們一直都堅持正確的方向，結果就有可能會是好的。

專案管理也常常出現夢醒了、事情出包了的現象，人都會有惰性，我認識的一個優秀的專案管理人員就說：「不知道為什麼，有些事情心裡想著要小心注意，但卻都一直沒有採取行動，到後來果然就成為災難。」想想看，有很多功虧一簣的事情，例如ERP的導入，有些細節總是想著要特別去注意，以免卡到進度，可是每次卻又懶得深入去了解狀況，最後終於被這些細節絆倒了。務實的態度很重要，我們難免恍神做個夢，但終究還是得腳踏實地把事情做好，才對得起自己的專業。

越大的事業就越需要團隊，更需要專業人士的加入，一再驗證導正並且把事情做好規範與防範，才算是好的開始。有朋友最近告訴我，他正在處理一樁幾十億的收購案，已經提了計畫，但是買方與賣方都還沒有辦法進入狀況，他問我該怎樣繼續處理呢？由於言談中我發現他並沒有完整的團隊，只有自己一個人，於是我建議：「還是先找個律師來擬合約並且對雙方作徵信，再找個會計師來看賣方的財務報表，以目前這樣不著邊際的談法，是不會有結果的。」

我朋友猶豫了，他擔心找律師來賣，賣雙方會不高興，這個大好機會因此搞砸，找會計師萬一查出什麼就糟了，幹麻這麼認真要動用到律師、會計師呢？幾十億的案子沒有一整個團隊，我們怕失去，所以怕求證，但真正的生意絕對不會因為有專業人士介入而失去，腦筋清醒的買賣方絕對會感謝用專業來保護三方的中間人。

有疑問或擔心就應該去求證並且確認清楚，有些時候人的第六感是很準的，哪些地方有問題直覺會發現到，若是沉醉在作夢帶來的愉快假象，就會阻止我們進一步查證，發現問題所在，避免或減輕損失。勇敢地把夢打碎，把已經面臨的失敗作一個停損，長痛不如短痛，才能避免全盤皆輸的慘狀。

讀後速記

※自我催眠的美夢，是包裹糖衣的毒藥，若是缺乏警覺，你將付出沉重的代價。

※當你心中有疑問，就直接去找尋辦法驗證，光想解決不了問題。

※失敗並不會讓你無法翻身，但美夢的麻醉卻會讓人一敗塗地。

㉓你做不到，不代表別人不會做

如果說，這世界上的競爭只有靠技術，那麼現存80％的公司應該都會消失，因為技術只是他們的基礎，真正用在競爭上的核心能力不只是技術。每個企業都面臨同樣的問題，企業特質有強有弱，該如何把強項強化，把弱點掩飾呢？這問題需要花很多的精神去思考，並且時時刻刻拿出來探討看看是否仍有改進的空間。我們常常以為只要思考出絕佳的妙招，就一定能打敗對手，其實並不盡然，有些時候我們認為不可能的事情，才真的是突破的關鍵。

●抽絲剝繭尋找不可能的可能

那些被人們認為不可能，但卻發生或者存在的事情，我們稱之為「黑天鵝事件」。例如一九五七年十月四日，前蘇聯成功發射了人類第一枚人造衛星「史潑尼克號」，大大震撼了美國，因此引發了太空競賽。我認識很多老闆以及主管，總是感嘆地說，在追求卓越的過程，幾乎等於是一個持續證明「我們做不到的事情不代表別人不會做」的戰役。所有企業都希望能擁有一組團隊，總是願意在第一時間相信老闆的話，然後全心投入，不需要死推活拉，拿出一些證據，苦口婆心勸說之後才願意開始行動。

「根據經驗，如果全公司都在第一時間聽老闆的往前衝，那麼可能倒十次還不夠！」一位前輩和我分享，因為經營不是衝鋒，是需要考驗耐力的馬拉松，整個過程中都很痛苦，以為看到了綠洲，把所有力量都賭進去，結果全盤輸光的大有人在。當我們掙扎著將團隊從質疑推進到相信的過程時，真的必須要慶幸，至少有保守的人來負責踩煞車。所有的主管與老闆都祈禱公司能夠「跳躍型」成長，而不要一點一滴從持續改善的角度來追求卓越，這不是不能達到，但也不能用衝鋒的方式，而是要從「為什麼我們做不到？」這個問題下手，真正了解後，才開始找出辦法真的跳躍。

當團隊規模還小的時候，我們可以找到精英，有經驗並且肯負責的人來一起打拼，當團隊開始成長，業績開始提升的時候，我們就需要穩定型的人來協助經營。這也就是高成長企業所面臨的困難，一方面要維持公司的穩定，一方面還要持續投資風險高的研發，這樣的過程真的需要絞盡腦汁並且兢兢業業才有辦法做到。

●想當第一你得學會坐穩寶座

很奇怪的是，人都會有「過度自信」的心理偏誤，當我們談到競爭對手的時候，常常都認為「那樣不可能啦！」直到我方節節敗退時，心情上卻更加無法承認——我們做不到的事情別人卻做到了。對於研發人員，我們可以拆解別人的產品來刺激他們，但是對於經營管理階層，當我們在商業上輸了幾場戰役時，卻還是會把問題歸咎在產品與研發製造與行銷身上，而沒有想過，一個團隊要能持續打勝仗，必然是「早就計畫佈局好的」，即使是奇招，也不是今天想到明天就可以做。歸結到最後，到底我們競爭不過對手，是因為後勤不足還是前瞻性不夠？事實上，分析了許多商場上的例子，管理學者認為，高階主管失職的情況比較多。

有好多朋友開玩笑跟我說，現在大家都已經是email機器，每天上班就是在收發email，這意味著我們的工作都被制約了，接收到email、產生反應，然後等待下一封email。也就因為這樣，很多需要長期累積的布局功夫，或是如何改善的思考，就這樣在平常日子中，被日常瑣碎的雜務給模糊化了。

我曾經聽過一個實際發生的故事，一家長期幫國際大廠代工的A工廠，上上下下都認為只要是這家國際大廠的訂單，代工的工廠絕對是非我莫屬；誰知道，當某次這家國際大廠推出新產品，供應商名單揭曉時，A工廠卻落選了，而這家國際大廠的理由是：「A工廠的製程沒有改進。」

我常常聽到學者說，國內的公司有「不知道該怎樣做第一名」的情結，也就是當到達第一名的時候，也同時到了巔峰，可能忽略了創新，也可能安於現狀，或者是小心翼翼地守住第一名，結果腳步亂了，行動畏畏縮縮，總是看第二名或第三名在幹什麼，最後不知道怎樣做好第一名該做的事，終於失去了第一。

●大膽假設小心求證

產品面與技術面的競爭我們容易看到，但是商業模式，以及核心競爭力的競爭不但不容易看清楚，反而會因為我們只看到產品面的狀況而忽略了全盤的戰況。前面故事裡的A工廠，在受到刺激之後，重新勵精圖治，把那些「不可能」的論調通通拋棄，接受新的觀念，並且導入創新的做法，結果隔一年就超越對手，重新拿回訂單。

A工廠的廠長說：「沒什麼不可能的，也沒什麼做不到的事情，因為不用等很久，別人就會證明給你看。」當經營階層發生痲痺現象，開始安於現狀時，就會被對手輕易超越，這是很殘酷的現實，很多時候並不是我們真的不會做，而是輕敵，認為對方不太可能這麼快追上來。

「公司並不是無限資源，如果嘗試每一種可能，倒掉比較快！」這是最常聽到的說法，同時也是事實。有些做不到的事情真的做不到，因此我們必須要謹慎地進行評估的動作，儘管投入成本，只要能換取「此路不通」的資訊也值得。雖然我們常常看到別人走某條路結果失敗了，這並不表示那一條路真的不行，每個團隊有自己的優缺點，仍然可以評估挑戰別人的不可能。

不過，在這之前我們必須要提醒自己，是否對於自己太過於自信？追求卓越的過程中，我們必須要挑戰很多的不可能，善用自己的優勢與劣勢來創造機會。別忘了，時間也是一個重要因素，現在做不到，未來有可能實力增強了，情況就不同了，因此，別急著下結論說我做不到，如果目標很值得挑戰，那麼我們偶而也要冒險勇於嘗試！

讀後速記

※有些時候我們認為不可能的事情，才是真正自我突破的關鍵。

※過度自信，有時反而容易變成自我滿足的藉口，為對手製造超越的機會。

※嘗試需要成本，在資源有限的狀況下，我們依然可以蒐集資訊，勇敢挑戰經過評估的「不可能」。

㉔全民專家時代，誰才是笨蛋？

曾經，由於股市不停地漲，我也不能免俗地開始研讀投資理財書籍，隨機在書局挑了幾本，認真看完之後，我發現作者面對股市的漲跌，分成兩大派別，一派是挑戰專家，另外一派是尊重專家。

挑戰專家的派別，立論基礎是認為專家基本上墨守成規，缺乏創意與權變，因此在面對這樣複雜的市場，專家的作法無異是遲鈍且常錯失機會。

尊重專家的這一派則是認為，專家可能會錯一兩次，但是專家畢竟是系統化地處理資訊，持續修正方向與錯誤，短時間內可能會有失常失手，但是長期下來，獲利百分比平均數仍然會高於一般的散戶。這讓我聯想到學歷無用論的主張，顯然又是平均數與特例的問題。

●看長不看短，此一時彼一時

當我們買東西，或者想要學習什麼技術時，總是會想找個專家來請教，時下的用語叫做「達人」，這樣子可以讓我們省去很多時間，快速降低學習曲線的幅度。每個人都有自己的需求，達人會根據我們的需求做出建議，讓我們有一個方向，快速進入狀況取得資訊，到後來可能我們不見得真的跟達人建議的作法相同，畢竟當初也有可能說不清楚自己的需求。這是造成達人失靈的因素之一，我們給予的資訊不是很明確，或者達人接收到我們的描述之後，對我們需求的側寫放錯類別了，導致給予的建議不是很符合需求。

我仔細研究了巴菲特投資的方式，其中有一句話發人深省，大意是說，如果你要投資一家公司，就要當作你投資之後隔天就要去一個很遠的地方，十年之後才會回來。「看長不看短」一直是股市成功者的名言。我遇見很多朋友提到，波段短期操作股市，到後來還是全部都吐了回去。

我相信，一百個股民之中可能有一個受到命運之神的眷顧，獲得了空前的成功，但大多數的人其實或多或少都把錢貢獻給了這個人，而不是大家平均地享受產業成長的合理獲利。就像打麻將，新手總是手氣很旺，但是過沒多久就開始變成肥羊，原因是因為缺乏判斷資訊以及判斷競爭對手的方法，心裡面也沒有章法，同時也沒有足夠的技巧來產生對自己有利的形勢。

●不比別人努力，你憑什麼贏人家

所以，與其說我們想要打敗專家，讓專家難看，不如說我們其實是在輕視股市、牌局、公司經營…等等機制，漠視有系統地分析、研究、執行的力量。「輕視」，是未來失敗的原因。

投機性大的，變化度高的，我們反而會變得過度自信，漠視專家。即使專家一直建議長遠投資，賺取合理報酬，我們仍然喜歡在這些風險裡面衝浪，股市是這樣，打牌是這樣，公司經營也有人是這樣。對於投機性小的，變化度低的，我們反而才會去尊重專家的意見，例如打高爾夫球，我們會找教練上課，或者看看教學影片，最低限度也會買本書來看。

對於一無所知的事情，我們都應該感到戒慎恐懼，畢竟這跟錢有關，輸了可能就無法翻身了。投資理財的書上都認為，股市裡面，跟我們同台較量的都是理財專家，都有自己的一套理論，還有很深的口袋。我們可能打敗專家一次，但應該沒辦法每次都打敗他們。

創業與公司經營也是這樣子，我們總是會輕視大環境，輕視競爭對手，而沒有考慮到系統化地強化自己的知識與技巧，總是想要出奇以致勝，想要表現得比別人聰明，卻沒試著搞懂該怎樣把事情系統化，有條有理地逐步完成。

站在巨人肩膀上看未來

專家之所以成為專家，是因為他們有能力把自己專長的事情，抽絲剝繭之後，有條理地形成專業的知識。什麼是專業？簡單講就是有系統地分門別類，有理論基礎，有依據可循。我們需要借重專家的知識作為基礎，添加我們自己的資訊，成為自己的決定。我的研究所指導老師常常說：「要站在巨人的肩膀上」，專家的意見是值得參考的，但是有沒有用，則要看我們對自己與對市場有多少了解。

當然，我們不應該只依賴一兩個專家，我聽說，比爾蓋茲每天都要跟很多人見面會談，聽聽他們的想法。這種「三人行必有我師焉」的態度值得學習，因為我們面對的未來不停地變化，比爾蓋茲曾說過：「微軟距離倒閉只有兩年的時間。」這種話在華人的世界裡叫做唱衰，但是從中我們可以感受到，即使這麼成功的人，仍然不敢輕視自己最熟悉的領域，但我們卻總是覺得自己已經很懂了，不想多聽別人的想法，認為別人的想法沒有用處，專家的想法都僵化不堪。

師父領進門修行在個人

把專家當對手還是當助手，只是觀念上的轉變。由於最近常常需要開長途車，因此我買了一些有聲書在車上聽。我發現，兩個小時的演講可是萃取了許多書，許多經驗與歲月的菁華，利用專家，我們很快就可以被醍醐灌頂注入功力，真的很值得。可是當我把這個經驗告訴別人時，大多數的朋友都推說：「我沒時間！」「我不需要！」

「就是因為沒時間才需要專家幫我們看書消化啊！」我說。「專家跟顧問都是理論派的，講不出實際有用的東西！」每個朋友都這樣回答，我覺得很納悶，去學校上課，上的不也都是理論嗎？要真的實際應用是靠我們自己，沒有人知道你有多少本事，所以要怎樣把知識化為實際，那是我們自己的課題。所以說到底，究竟誰是笨蛋？我想，應該是搞不清楚狀況的那個人吧！

讀後速記

※要創造有利於自己的情勢，足夠的資訊以及判斷競爭對手的技巧是絕對必要的。

※專家之所以成為專家，是因為他們擁有自成一格的資訊整理技巧。

※專家可以提供你不同的整合資訊，卻不能保證你一定成功，因為執行的變數，只有你能掌控。

㉕面臨時代衝擊的古老智慧

二〇一〇年，我的心情特別慌，一方面是電視機每天播出的內容實在太煽動情緒了，另外一方面則是不停地被提醒：「最熱門的行業現在還沒有出現！」「永遠不變的真理就是『變』！」「所有的經理人與學生，都必需要被訓練來解決從來沒有見過的問題！」

看著電視機上播出那些從來沒有發生過的災難發生了，從來沒有想過的悲劇上演了，想想自己與朋友服務的公司每天遇到的問題，還有史無前例的金融海嘯，直到目前為止都還沒有消退，真希望能蒙上眼睛、摀住耳朵，裝做什麼都不知道。

●古人智慧也能跟上潮流嗎？

「我每天五點半起床，忙到晚上12點才睡覺，難道這樣還不夠嗎？」我的朋友對著他的家人怒吼，雖然我想幫忙他做些什麼，即便我知道我什麼也做不到，但我還是找個機會告訴他，可以花點時間研究一下中國的古老典籍，相信會有所收穫。《易經》告訴我們世間種種事情的道理，以及循環不息的因果，讓我們知道「嗜欲深者天機淺」的道理；《孫子兵法》讓我們在經營自己的事業，帶領自己的團隊時，有方向可循；而我們耳熟能詳的「三十六計」，也都是可以活用在日常生活裡面的戰術。但我自己講得一頭熱，朋友卻澆了我一盆冷水說：「那些古老的東西現在還有用嗎？」

仔細想想，既然世界不停地在變，古老的智慧用了幾千年了，真的還能適應這個快速改變的世界嗎？更何況這些改變已經不是以世代為單位進行，而是以天為單位，甚至是以小時為單位在不斷改變。

「當然是沒有用囉！」一個擔任高科技公司總經理的學長認為：「古老的智慧如果直接拿來照本宣科，人事時地物沒有一樣對的起來！」讀古書，最麻煩的就是所有例子都是歷史資料，如果沒有認真下功夫來思考、解讀，抓住其中的精神，那就等於是看了一本很有趣的故事書而已。

所以要學習老祖宗的智慧，需要有人說明、指導、開竅，換句話說，拿到這些寶典，仍然需要有名師，否則自己想要速成，代價可能很大。很慶幸的是，市面上已經有很多書籍教導大家該怎樣活用這些古老的智慧，不過可惜的是，大家都沒有時間來閱讀，因為生活實在太忙，忙到沒有時間靜下心好好閱讀，當然也就無從知道這些知識能幫助我們多少，也無從評估這些道理的價值了。

●運用態度失準，入寶山也會空手而回

有趣的是，當我問朋友們是否讀過任何一本中國古代智慧典籍的時候，每個人都說有，《三國演義》更可以說是每個人都有拜讀過的經典。但是當我進一步詢問，閱讀這些書是否對自己的事業、家庭、應對進退有所幫助時，大家都愣了一下，然後說：「看過就忘記了耶！」

想當初，努爾哈赤憑一本《三國演義》打下江山，現在大家都看過《三國演義》，卻沒有人靠這本書賺到什麼錢，或是在事業上找到突破點，「看過就算了」是我們對於這些古老智慧的標準處理方式。這讓我想到，其實並非這些智慧沒有用，也不是符不符合時代的改變，而是我們面對這些智慧的態度。

有個朋友平常上課都很混，愛聽不聽的，有一次我們一起繳費參加個訓練，他卻一反常態認真做筆記，下課還找我討論，這讓我很困惑，什麼原因讓他轉性了呢？他回答：「因為這堂課很貴耶！所以每一分每一秒都要珍惜！」我不禁恍然大悟，古老的道理我們每個人家裡都有好幾本，從小看到大都不用付錢，誰能知道裡面有讓我們成功致富的關鍵與觀念呢？當我們面對這些智慧的態度改變了，重視裡面所講的道理，才有辦法成為自己的知識與信念。

◉古今智慧反覆驗證、觸類旁通

沒有人有辦法把整本書背得滾瓜爛熟。就算背熟了，臨到需要應用的時候，可能也會腦袋空空想不到一招半式可以派上用場：重點並不在於整本書，而是書中的某一句話、某個觀念對我們的影響。金庸武俠小說中的郭靖，只用一招「亢龍有悔」硬是撐過了幾場惡鬥，雖然那只是武俠小說，但卻點醒了我們：了解精髓，將一個觀念熟練運用，至少可以保命安身。花錢去上課也是一種方式，逼自己學習，用錢買來的知識我們才會比較珍惜。至於要從哪一本書開始呢？我建議可以考慮從《孫子兵法》切入，因為可以請教的人比較多，而且參考書籍也豐富，更重要的是內容蠻值得深思的。

無法理解與體會這些道理是大家最大的困境，很多事情都是經歷過，再來看書才會有所感觸，但這樣已經來不及了。最近我發現，大多數成功將古老智慧納入自己經營管理理念的長輩，都有一個共同的習慣，就是持續不停地翻看複習。每天拿出來看一點，看完了又重頭開始再看一遍，市面上有了相關的新書也買來看，持之以恆，就會發現靈感總是會在閱讀的時候一閃而過，雖然世界一直在變，但我們的頭腦也會跟著反應，透過書中的道理，觸發可能實現的解決方案。

說穿了，千百年來世界的變化早就超出老祖宗的想像，但是人類的演化卻沒有什麼進展，我們跟幾千年前的古人沒太大差別，過去的社會與現在的社會都一樣，慾望與鬥爭更是赤裸裸地進行，人性的善良與醜惡面甚至更加明顯地呈現。這些古老的道理，與其說是教導我們智慧，不如說是讓我們更清楚地看清與判斷人性。世界變雖變，但是人性善變與好變的本性，其實從來沒有改變過。

讀後速記

※古人的智慧一代代傳承下來，因為太容易取得，反而讓人忽略了它們的珍貴。
※老祖宗的智慧，是歷經歷史考驗的寶藏，能夠幫助你觸發靈感，尋得出路。
※成功人士的特質之一，就是願意反覆沉澱汲取大智慧，開創不同於常人的格局與見識。

㉖認真而不要當真

一個月前，朋友很高興地告訴我，客戶跟他說會下一張大訂單，請他趕快去準備。於是他動員了全公司的人力物力先做好準備，可是苦苦等待客戶卻遲遲沒有下文，一個月後，客戶取消了口頭訂單。

我這位朋友當然損失慘重，因為他認為口頭承諾也是承諾，客戶違反誠信原則實在很不應該。可是公司裡面的一個老業務卻告訴他，這世界什麼都在變，每天有每天的新狀況發生，做事情認真而不要當真，否則容易被騙也容易害到別人。又過了一個月，客戶又說想要訂了，這次朋友比較謹慎，逐步確定客戶的意願，以及付款的條件等等，最後終於順利拿到了訂單。

●站上制高點，對變化保持平常心不躁進

金光黨之所以能騙人，是因為受害者心中有貪念，因此會把虛構荒謬的情節當真。我們常常對於有社會地位的人認真，而且把他們的言行當真，這樣的代價可能是被騙、甚至賠上了自己的身家性命。做任何事情全力以赴，認真看待是對的，但是不能夠什麼事情都當成是真的，豁出性命來拼搏，不管我們做到任何階段，總是要先停一下，理智客觀地從遠距離，或者更高的角度來看，提醒自己，是不是已經對這件事情投入過多的

感情？是不是會太在乎得失？有沒有死盯著利益不放，而忘了螳螂捕蟬黃雀在後？任何事情太當真，人就難免失去理智客觀，甚至鑽牛角尖難以自拔。

我有位生性樂觀的朋友，每次遇到困難的案子，他都仍然保持笑容滿面不斷提出各種可能性，想著有沒有機會或方法解決。他總是鼓勵團隊成員說，問題一定會找到方法解決，就算不解決也是一種方法，讓時間拖長之後再來解決也是一種方法。

他有些部屬很反對這種個性，常常告訴他「這個不可能、那個不可能，不要總是很樂觀地以為不可能的事情可以解決。」可是很奇怪地，幸運之神似乎都站在樂觀的朋友這邊，那些許許多多表面上看起來有太多不可能的案子，都被順利解決了。

我很好奇地問他，這裡面有沒有訣竅？還是真的只是運氣太好？他說，每件事情他都很認真思考，也認真地投入適當的心力，可是他從來不會亂下結論把任何事件當真，因為世界一直在變，現在是好的，未來還是可能會變壞，「不要隨便拿到些現成資訊就來質疑或急著下結論，時間都還太早，任何事情的表象與內涵並不見得一致，有時甚至會受到我們心情的影響。」很多人一路沉淪下去，就在於整個過程中沒有想要停下來踩煞車，什麼事情都快速下結論然後自以為是，結果會走到無路可走，把自己逼到死角。

● 隨時記得停、看、聽

這世界上有太多不需要當真的事情，大者就以「美國要求中國讓人民幣升值」來看，中國的態度肯定要認真而不當真，因為自己知道自己要怎樣做，別人的要求我們聽到了，但是要怎樣做？何時做？做到什麼程度？分多少階段？都看我們自己，如果別人隨便說些什麼就當真，一定會亂了腳步。

小者像是公司發言人對外發表的言論，公司內部同仁可以認真但不能當真。因為很多場合必須要講場面話，我們見面當然會說對方氣色很好、很漂亮、工作表現很優秀、久仰大名等等，如果實至名歸當然就可以當真，不然只是自己徒增困擾，倒不如謙虛一點，不要想太多比較好，別人的稱讚難免是客套話，千萬不能自己飄飄然起來，忘了自己是誰。

很多人都喜歡談論策略，什麼事情都要有策略，而擬定策略的時候，跟當時看事情的角度與高度有很大的關係。由於策略是高層次的競爭，因此如果我們沒辦法跳脫框架站在高點的位置來看，往往我們把小兵交鋒的戰術當成是策略，也就是認真而且當真了。

既然所有事情都在變，明天還會有新的消息新的局勢，今天對任何事情的當真很容易就被明天的變化推翻了。我們可以認真投入心力、蒐集資訊、閱讀資料、做各種實驗，但是當我們要擬定策略時，還是得先停下來，把所有雜念都拋開，才能客觀地權衡利害關係，並且察覺資訊是否足夠用來做決策？如果我們對於資訊有偏頗，一下子就當真了，整個策略與決策的走向就是偏頗的，根本等於全憑直覺，將自己或整個團隊放置在高風險中！

◉暫停一下，調整腳步再出發

「可是當我不使用經驗與直覺，客觀來看，就會發現我根本沒辦法做決定，因為每件事情看起來都有太多資訊需要去確認與評估，時間實在不夠。」我的朋友描述他的困擾。一件重大的事情，並沒有逼我們要在什麼時候決定，自己沒辦法決定的事情，可以透過與專業人士交談，或是和其他領域的人交談，來取得足夠的佐證資料。認真去做，但是不要對事情當真，靈感與創意就會自己蹦出來。

成功的人士在描述他們執行一個專案或計畫時，往往對每一種可能性都全力以赴，但是過程中他們依然會時時提醒自己務必保持清醒。「發現苗頭不對，就要立刻停看聽！」喊暫停是非常重要的事情，不是一路很順，結果就會正確，當我們跑馬拉松時發現路上只有自己一個人，首先還是要想想是不是自己跑錯路了，而不是天真地以為自己是對的。弄清楚狀況，算清楚自己能掌控的資源，才能做到將未來的變數影響降低到最少。

人與人之間的信任關係也是如此，我們對於朋友要認真誠信，但是卻不能當真地以為對方會同樣回報。在事業上也是如此，投入多少的比例並不會與事業獲利能力成正比。凡事不能太當真，遇到風險才能閃得快，也才能在風險來臨之前先做好準備。不管是人生、事業或是學業，即使我們一直都順利過關斬將，只要不小心錯上一次，就有可能萬劫不復。

讀後速記

※人總是被心裡的欲望所蒙蔽，而忘記評估可能承擔的風險與損失。

※時局瞬息萬變，懂得在適當時機蒐集資訊調整方向的人，就能找到正確的方向。

※我們必須要對值得付出的事情全力以赴，但心中永遠要抱持最壞打算以保持警戒。

第4章

解決問題，要用對招式！

職場上的問題何其多，不論是業務問題或是上司、下屬；上游、下游，都可能會出現不同的狀況。本篇將告訴大家，解決問題不能只用同樣一招，你，必須用對方法才有效！

㉗脫口問出好問題

facebook 的創辦人薩克柏（Mark Zuckerberg），參加了在瑞士舉辦的「世界經濟論壇會議」。會中有位媒體大亨很仰慕薩克柏，希望他能指點幾招網路成功的秘訣，大亨問：「我的公司要如何開始經營一個像你們那樣的社群？請告訴我們，該怎麼做？」薩克柏冷冷回答一句：「你做不到。」如果我們身在現場，一定可以感覺到當場急速冷凍的尷尬氣氛。

會後的討論時間，薩克柏針對上述的情況坦率表白，這位大亨的問題其實是在「問錯問題了」，他說：「你根本不可能去開始組一個社群，因為社群早就存在，不斷在做他們想做的事。你該問的問題是，如何幫忙社群做得更好。」

●主動問，也要問得有技巧

我們都知道，問出來的問題在某些程度上代表一個人對這件事情的知識水準或用功的程度，薩克柏沒有回答錯，是問問題的人問錯了。不要說是薩克柏，辦公室裡部屬或長官也常常冷冷的給我們尷尬而又不想要的答案。

「就是不懂才要問啊！」很多人都會這樣說，但答案在別人腦袋裡面，你要懂得問對問題才行，不知道答案沒關係，但不能連問問題的技巧和禮數都不懂，請教別人好就好比有求於人，都是有難度的事情。

我曾經聽過一個故事，有兩個人跟著老和尚修行，這兩個人都是菸癮很大的老菸槍，打坐時間一長，兩個人菸癮犯了便開始感覺很痛苦。第一個人決定去跟老和尚商量，他問說：「請問打坐的時候可以抽菸嗎？」師父二話不說就把他痛罵了一頓然後轟了出來。第二個人不死心，馬上進去跟老和尚商量，沒過多久就笑咪咪的走了出來，大搖大擺抽起菸來。

第一個人感到很奇怪，為什麼老和尚這麼偏心，把我臭罵一頓而他卻可以抽菸？於是就問第二個人到底他跟老和尚怎麼說？第二個人回答：「我只是問老和尚說，抽菸的時候可以打坐嗎？」老和尚聽了大受感動，認為他即使抽菸也不忘打坐，果然孺子可教。

從上面的故事中，我們可以了解，問問題的方式必須要涵蓋自己的目的，對方沒有義務一定要回答我們，所以我們不只要問出正確的問題，有些時候，還要引導對方回答出我們想要的答案。

● 有時獻點殷勤，有時也得裝笨

大多數的人都有一個謬思，認為如果開口問問題了，對方就應該要傾囊相授才對，而問問題的人對於問題的價值卻沒有給予足夠的重視。但其實很多問題的答案，是對方花了相當多心血才得到的，有些時候礙於情面講一些，其他的支吾其詞，甚至隨便亂講，如果我們因此怪罪別人，倒不如倒過來檢討自己，是自己想白吃午餐在先，又怎麼有資格再多強求？

要問問題之前，多少還是少不了要些客套，請吃飯或喝一杯在所難免，即使彼此是好朋友，對於別人的寶貴知識仍然需要給予一些尊重，否則很有可能會得到一些搪塞的場面話，而不是我們需要的關鍵答案，白白浪費彼此的時間，也給對方留下不好的印象。

但如果你以為問問題只能問「好問題」，那你就錯了，在很多場合中，「蠢問題」也常會有奇兵之效。我曾經跟一位長輩拜訪一家大型公司，主要是想蒐集該公司的產品銷售狀況，以及市場行銷策略等敏感性資訊。

這個長輩算是老江湖了，他一路裝傻，問了很多蠢問題。一開始對方礙於客套，總是認真回答，但是後來有點不耐煩了，露出了不悅的表情。一般人可能就此打住，不過我那位長輩還是持續問下去，事後他跟我說，反正這一趟來都來了，如果不打破沙鍋問到底取得完整資訊，下次要等何年何月呢？

我接著半開玩笑說：「可是對方如果不耐煩亂回答，不也是白忙？」長輩回答：「這就是我們自己有沒有做功課的問題了！」因為有事先預作準備，有很多問題的答案其實他早就知道，問出來除了求證，也用來探測對方是否會說謊，以及在場的哪個人會講實話。競爭對手的情報難免都需要問才知道，有些時候裝傻，遇到好為人師的人，對方很容易會不經意把所有事情娓娓道來。

凱文・米尼克是曾有「電腦恐怖分子」之稱的著名美國駭客，他曾經多次成功侵入Sun、摩托羅拉等大企業，被捕的時候記者問他：「你太厲害了，怎麼有辦法破解那麼複雜的密碼？」米尼克說：「我只是會問問題而已！」事實上，米尼克入侵企業的密碼有絕大部分都是在該企業附近的酒吧裡面，用幾杯小酒向科技人問來的。從他的例子來看，只要會裝笨、問對問題、施以小惠、找到正確的對象，就連最隱密的密碼也都可以輕鬆問出來。

●拼湊小細節，策劃大未來

所以，會問問題的人，常常用問題來檢驗探測，或索取自己想知道的資訊，儘管會遭到冷眼嘲諷，但是這些都是用來評估對方個性與態度的資料，對於常常需要面對談判的人，點滴的資訊都很有用。而一個大問題也可以分割成許多小問題，在不同的時間向不同的人取得片段的答案，然後自己再拼湊起來。千萬別說這是很沒有效率的事情，聽說比爾蓋茲就常常空出時間找人吃飯聊天，從這些片段的資訊裡面整理出未來的產品開發創意。

如果我們在某個領域已經算是專家了，期望有更專業的專家可以幫我們解決更進階的大問題，我建議，不如還是放棄這種奢望，直接去找許多人來問片段的問題，剩下最後幾個關鍵性的關卡，就靠自己去突破吧！這種拼圖的技巧，一直都是成功人士常用的情報蒐集方式，一邊思考一邊取得新的拼圖，逐步調整問問題的方式與問的內容，在心裡面把整個戰略完成。

米尼克說：「會問問題是通往金庫最快的捷徑。」所以必要時的演戲以及人情交際的投資，比起最後我們得到的結果，都只是九牛一毛。許多人的成功，往往都靠「價值一百萬的一句話」，而為了得到這個答案，花多點腦筋肯定都是值得的！

讀後速記

※學習的路上值得我們請益的人很多，不懂就問，問得勤、精、準，你就會逐漸進步。

※問問題是快速汲取他人經驗的捷徑，若能提供些福利或好處，對方會更樂意傾囊相授。

※事涉較廣或複雜的事情，不妨分拆成幾個小問題，分頭或分階段蒐集，再統整分析出完整的策略方案。

㉘學習問 How

朋友告訴我，現在小孩子都很精明，當你拿起鞭子要教訓他們的時候，他們都會要求在挨打前給他們一個理由。不知道從哪個世代開始，教育的重點就放在要教導小朋友會問 Why，沒有理由或是理由無法說服他們的，他們都不會接受。

●別問 Why「做就對了」？

其實在管理上，我們也遭遇到了同樣的問題，要驅動年輕人做事情，時常也會欠他們一個理由，可是在企業經營裡面，有很多的動作是「試試看」的實驗性質，或者是賭一個機率性，當然，我們還是能給出一個理由，但是必定會欠缺說服力，因為缺乏高瞻遠矚的特性。

中階幹部是最慘的，上級交辦的事項，我們只能回答「是的，遵命！」當我們要把事情分派給下級，卻要被問 Why？可是上級交辦事項的時候，並沒有告訴我們為什麼要這樣做，結果只能自己掰出一些似是而非的理由，總之就是說服大家去做。

如果我們跟屬下說，我也不知道為什麼老闆要這樣做，這樣子團隊的同仁就會對我們的能力打上問號，可是自己掰常常到後來也很難自圓其說，於是，最好的解決方案就是繃緊一張臉，告誡同仁說：「做就是了，問那麼多幹麼？」確實，如果什麼事情都需要解釋，那麼公司就很難經營了，最好是事情告一個段落之後，再來解釋給大家聽，這樣子前因後果也比較清楚，不至於自己講一些自打嘴巴的話。

擔任幹部，常常會因為事情執行狀況不佳或者問題不斷，導致自怨自艾，甚至內心深深受傷，最後決定放棄繼續努力，離職不幹。我聽過一場情緒管理的演講，其中講師說，當我們遇到困難時，通常第一個反應會覺得：「為什麼是我？為什麼我就這麼倒楣？老天爺為什麼對我這麼不公平？別人為什麼對我這麼殘忍？」這麼多的 Why 沒有人有辦法給答案，事實上，就算問個千百次對於事情也不會有幫助。

● 從問 Why 改為 How

要改變現狀，並且讓整個事情往好的方向發展，就必須要學習問 How，思考該怎樣才能讓事情變好。很多時候只是一個情緒的轉變，就有可能扭轉一整個事件的成敗，一個觀念的轉換，就可以決定自己的成就。

英文有句諺語：當上帝關上了一扇門，祂必定為你開了一扇窗。很多事業有成就的人，都是在走投無路的時候，從問 Why 轉變成問 How 而起死回生的。知名的防毒軟體 Norton，被列為美國高瞻遠矚的公司，創始人 Norton 就是在自己被裁員後，開始成立軟體公司發展起來的。

現代人普遍比較悲觀，面對電腦容易，面對困難與人際關係就不知所措，因此很快就會讓負面的情緒佔據了自己的心靈。但是如果我們能冷靜下來思考，該怎樣做才能改善現狀？我該怎樣表達才能讓團隊向上提升？我們是否漏掉什麼地方沒做好？要到達 A^+ 的話，我們要怎麼做？當我們抬頭往上看的時候，天空是無限廣闊的。

因此，訓練同仁先問 How 是重要的，「不要問為什麼要做這個，先問問自己這件事情該怎麼做？」我的朋友是上市公司的研發主管，他總是這樣子要求自己的同仁。因為有很多事情在做的當時沒有答案，對老闆來說還是在摸索，對同仁來說也是在練習，還在找方向的時候，基本功很重要。

◉老闆也不見得有答案，不如自己動手摸索

我問過大多數成功的研發主管，他們都一致認為，年輕的科技人重要的是學習技能，將自己的時間與腦力投資在專業的領域，兼顧深度與廣度，當自己實力足夠的時候，自然比較容易理解為什麼要這樣做。言下之意，很多為什麼其實就是經驗與知識，經驗告訴我們怎樣做比較有效率，知識告訴我們該從哪裡下手，兩者相加則可以讓我們快速判斷是否有捷徑或陷阱。當任務順利完成，問題順利解決之後，我們就能從比較全觀的角度來看從頭到尾的因果關係，這時候才有辦法回答出正確的 Why。

我問過很多家公司的老闆，當他指揮同仁前進的時候，真的是已經高瞻遠矚，看清楚目標與方向了嗎？還是說他也是摸石頭過河呢？大多數的老闆總是笑笑，尷尬地說，只能大方向地知道那邊有機會，要怎麼到達也是憑過去的經驗來走，但是如果遇到變數，確實只能摸石頭過河了。

由此可知，在公司裡面，這一句 Why 問了也是白問，因為老闆的答案可能每天都不一樣，除了每天接收的新資訊造成的判斷修正之外，同仁執行進度的推移也會改變老闆的想法，甚至老闆自己體認市場與產品的感受，也都是目標修正的原因，「問 Why 還是小事情，拿到錯誤的答案才是大事情！」因為錯誤的答案可能會耽誤了我們一生，或是

誤導了我們的觀念發展。

很多事情越做自然會越明白，這種感覺我從蠻多的資深工作者身上體會到，因為不管上頭為什麼要我們做這件事情，只要我們把每件事情都當成學習，認真做到好，不管方向是對是錯，終究累積到自己的實力，也才能等待機會的到來。我們都希望年輕的時候參與那些具有爆發性的創業計畫，趕快獲得第一桶金，卻沒有仔細想過，就算拿到這一桶金，在實力不足的情況下，有辦法在漫長的人生中持續保有這個財富嗎？很多中了彩券的人，沒有問自己該怎樣好好規劃這筆財富，結果多年後不但財富歸零，人生比起還沒中獎之前悲慘。

Why問再多次也沒用，拿到速食的答案，仍然不知道該怎樣解題，要這個答案有什麼用呢？萬一自己未來面對的問題，答案不一樣怎麼辦？從頭到尾跟完一個案子，了解到來龍去脈，成功與失敗的原因，累積自己的實力，先學會去觀察、分析、了解，自己找答案，才能培養自己未來做決策的能力。

讀後速記

※什麼細節都需要解釋，那麼事情就會很難推行，但階段性的溝通對焦，絕對是必要

的。
※別當只懂得提問唱衰而不會提供解決方案的烏鴉。
※領導者引領的是方向，你的工作是因應情勢找方法。

㉙就事論事就對了

「你知道A級員工與D級員工之間的最大差異在哪裡？」

閒聊間，擔任總經理的學長突然問我。關於ABCD等級員工的分類，是傑克威爾許在擔任奇異CEO時提出的觀念。能力好且能服膺公司政策、團隊合作的員工是A級；與A級各方面都相同，只是能力差一點的，則是B級；能力好，卻無法配合公司政策或者團隊合作，算是C級；D級則是能力差，又不願意配合的員工。

綜合以上看來，我認為A與D的最大差異是觀念與工作態度，因為態度不對，觀念不正確，所以做事情沒有效率，而從公司的角度來看，這樣的員工既孤僻難搞又不合群。

◉心服才會口服

但學長對我的答案不滿意，他說：「你說的只是結果，真正的原因來自於缺乏就事論事的態度。」在工作場合裡面，我們之所以心裡面會有氣，不想跟某某人共事，主要的原因也在於我們因人置事。確實有些人會讓大家感到不滿，但是我們自己有沒有辦法壓抑不滿的情緒呢？還是找到機會就趕快跟其他人散播一下某人的壞話呢？甚至在對上司與部屬溝通的時候，也要「故意」從背後捅對方一刀，把對某人的看法或某人做了什麼不為人知的事情講出來。

這些事情老實說我都做過，尤其是當自己是小主管的時候，難免會因為部門間的溝通誤會別人的工作態度，也總是會因此被劃分派系，這時候，如果我們還是不斷送黑函，整個團隊甚至整間公司就會烏煙瘴氣，嚴重一點甚至會引發內鬥。

部屬與主管之間，我們常常會希望好的主管能夠帶心，讓部屬願意為公司盡心盡力，可是對於帶心這件事情，沒有任何定義可以遵循，有人說定期的聚餐，也有人說公平的獎懲，當然還有人說要有教育訓練。在我看來，最基本要做到的事情，不是這些表面化的工夫，而是要讓員工服氣。

「就是要在專業能力上能夠壓制底下的員工！」我的朋友這樣說，他認為只要比底下的員工懂得多，能力比他們好，就可以壓制住他們的氣焰。但是這樣對嗎？在大多數的情況下，術業有專攻，我們懂得的部分與部屬專長的部分不盡相同，怎樣壓制？有很多的人心虛地用一知半解的說法來唬過，或者總是把新名詞朗朗上口，讓同仁知道自己也懂一些。好笑的是，我問過絕大部分的科技人，其實他們對於主管有幾兩重根本都一清二楚，主管為了裝模作樣的伎倆，大家其實都知道，還常常互相模仿來取笑。

●隨時以「理」相待

部屬與員工們需要的，說穿了就是個「理」字。培養就事論事的態度，就是講理的開始。在一個組織裡面，大部分的問題都是人的問題，當我們要處理人的問題時，往往投鼠忌器，幾乎沒有辦法做得面面俱到。現在的社會不如以往，高陽小說《紅頂商人》裡面描述胡雪巖如何做人安排調停等等，但這些在小組織裡面並不管用，因為我們沒有資源，也沒有充裕的時間來解決，唯一的方法，就是打從開始就要求員工就事論事，少講一些別人的事情，把自己的工作做好才重要。

當我們與上司、部屬溝通時，要常常把「就事論事」這四個字掛在嘴邊，時時叮嚀要求，這樣子自然可以平息很多內部的紛爭，讓大家把心神放在自己的事情上面，尤其是會議的場合，發生爭執時，更應該請大家就事論事冷靜下來。用各種方式來壓制員工的作法，只會讓大家為了保住薪水而留下來，卻沒有動力與動機去創新，久而久之，公司與團隊就失去了競爭力。

當然，既然要就事論事，就需要足夠的資訊，才有辦法讓「事情」可以繼續討論下去。我們常常會開一些重複咀嚼舊資訊的會議，這對事情沒有太大幫助，也不夠就事論事。「情報與資訊的搜集是就事論事的第一步」。把大家的焦點從討論人的八卦，拉回到事情本身只有「就事」的層面，要真的能討論出可以付諸實行的結果，就需要能夠「論事」，否則會而不議，議而不決，雖然跳脫了人的問題，仍然無法解決效率問題。

人與人之間的情緒糾葛，就算快刀斬亂麻，也不見得能理得清楚。當團隊陷入這樣的情況時，只會產生惡性循環，然後讓劣質的情緒感染整個企業組織。身為專業經理人首先要做的，是要讓整個文化回歸到客觀穩健的狀態，接下來不管做什麼，方向與目標才會正確，成效也才會好。

● 別被情緒帶著走

年輕有衝勁的主管，往往最被質疑的點就在於不夠穩重，有些人會說是壓不住場面，但是我認為應該是沒有辦法將各方的勢力帶進「就事」的層面，也就因此連論事都甭說了。很多人說，要鍛鍊自己的EQ，管理自己的情緒，但以我自己年輕時的經驗，要能壓下內心的那把怒火，還真的不是很容易，所以就事論事這四個字不只是要對別人說，也要對自己說，隨時讓自己冷靜下來，才有辦法客觀地分析與了解問題，並且制定蒐集新資訊的方向。

「爭執、歧見」是阻礙企業與團隊速度的最大元兇，更糟糕的是，很多的爭執都會在彼此的心裡面留下陰霾，累積到後來就一次爆發，這種經年累月所累積的宿怨，是沒有辦法一次解決的。冰凍三尺非一日之寒，大多數的團隊流失人才，或者與客戶之間發生爭議，都有長期對於事情本身失焦、受害妄想與放太多情緒進入溝通等現象。與其用各種管理招式來控制住場面，不如放鬆心情，長期持續地以就事論事的原則來要求，自然會讓亂糟糟的情況穩定下來，也才能維持住真正的公平公正。

讀後速記

※帶人要帶心，最基本要做到的，就是以「理」讓下面的人服氣。

※情報與資訊的搜集是就事論事的第一步。

※隨時保持冷靜、客觀分析，蒐集足夠的資訊與成員共同討論，是解決問題最快速的

途徑。

㉚先跑一圈再說

蘇格拉底有次跟自己的學生說：「你去麥田裡面走一圈，找一支你認為最飽滿的麥子來給我，只能摘一次喔！」學生去了又回，拿了一束麥子，蘇格拉底問他為什麼選擇這束麥子，他說：「一開始我選擇了一束麥子，可是想說現在才剛開始，後面應該有更好的；過了一半又想，糟糕快走到盡頭了，趕快選擇一束以免到後來什麼都沒有！」這個故事大家都聽過，拿來比喻愛情，比喻人生聽起來都很有道理。

然後，蘇格拉底又請學生再走一次，有些學生一下子就摘了一束，然後跑回來，有些則是挑挑選選，最後終於決定了一束回來，但這些都仍然不是麥田裡最飽滿的麥子。反觀我們自己，最終只選擇到「記憶裡面最偏好的那束麥子」，或者「記憶裡面最美好的那束麥子」，但無論我們選擇什麼，第二輪選的麥子肯定比第一輪好。

●先搶通常不見得先贏

不管是人生路上，或者是工作上，我們常常面對很多選擇，而我們最終會從其中選擇幾個出來，也有可能都不做選擇。工作上的事情，我們都期望能一次做到好，這通常需要靠運氣，有人真的運氣好一開始就做對，但是等到運氣差的時候，就一路跌到谷底；有些人什麼倒楣事都遇上了，到後來有了豐富的經驗，反而越走越順。

那麼，到底有什麼方式可以讓自己不必大起大落呢？蘇格拉底的故事給了我們提示——「先走一圈，等第二輪再來挑選。」看起來簡單，但大多數人往往走第一圈時就會忍不住，先挑選了再說。哈佛大學對小朋友做了測試，給小朋友一顆糖，告訴她們如果忍耐30分鐘不吃，就會再有一顆糖，每30分鐘就再多給一顆。實驗的結果發現，能忍耐越久的小朋友長大以後越有成就，這個「延遲決策」的忍耐力與個性，是決定成功很重要的關鍵，在第一輪忍住不選擇，到第二輪再來，甚至第三輪，直到對自己有利的條件出現為止。

離開學校之後，我們面對的事情都不外乎「選擇」與「談判」，決定這兩件事情好與壞的原因是「資訊」與「耐性」，有充足的資訊，可以做好選擇，有足夠的耐性，可以在談判上磨出我們要的條件。報紙曾經採訪過幾個超級業務員談談如何在某個領域做出好成績，大多都回答：「先把整個領域跑過一圈，找出重點來集中力量進攻。」

也有人採訪過知名的學者，好奇說這麼淵博的學問是怎樣獲得的？答案也是：「每拿到一本書，就先快速瀏覽一遍，挑出重點之後認真研讀重點就好。」快速繞過一圈，取得全貌與資訊之後，才能讓自己從更高的角度來看事情，抓重點。如果我們找到前一兩個點就投入，結果一定不是大好而是大壞。

●機會並非先搶先贏，判斷技巧很重要

也許有人會疑問，不是常聽人說機不可失嗎？看到機會如果不把握，等一下可能就沒有了！如果我們沒有看過全貌，就好像背著背包來到一個陌生城市，沒有先看好地圖，結果就是亂跑亂撞，覺得有看到景點就好，卻沒有辦法看到城市最美的地方，在我們資訊不足的時候，並沒有辦法確定當前的機會是好是壞？

以我兩位朋友為例，某次朋友A接到了一張大訂單，金額龐大，利潤也不錯，看起來是好機會，心裡覺得運氣來了，也沒有去求證客戶的狀況，以及可能的風險，結果後來退貨率超高，還被客戶告，導致工廠倒閉；而朋友B則是某次接到了人家不要而轉過

來的訂單，不僅利潤差，還要幫忙重新製作另一家公司做壞掉的產品，他事先在業界打聽了一輪，了解客人的信用不錯，而且利潤差並不是真的差，仍有 Cost Down 空間，於是就接下了這個單，前幾次都小小虧本，後面越做越順利，到後來客戶把各種產品都放到他的工廠來做，從一個小廠擴大變成了大工廠。

我身邊的成功人士幾乎都有一樣的感嘆，我們的教育並沒有教導我們「Pass」的重要性，玩橋牌的人懂得 Pass 是致勝的重要策略，我們手上有什麼牌，要怎樣打才可以贏，或者讓對手猜測錯誤，都需要適當運用的 Pass。先跑一圈了解全貌，算是一種 Pass，了解自己的實力在哪裡，不硬吞吃不下的「機會」，也是一種 Pass。

●掌握資訊看清全局

如果我們對於整個產業環境夠了解，出手就不會遲疑。我有個朋友開公司做 Apple 周邊商品，他常常去大小賣場逛，並且到競爭對手公司拜訪，對於整個產業算是繞了好幾圈。也因此他有足夠的經驗與敏感度知道什麼樣的產品會大賣？什麼樣的產品要跟誰合作？還有什麼樣的產品只要拿別人的來賣就好，自己不用花力氣。

我們常常都困在小圈子裡面，只從小圈子裡面取得資訊，卻往往忽略了整個市場的走向與趨勢。其實，如果我們發現自己陷入了困境與迷惑，可以選擇停下腳步摸石頭過河，也可以選擇出去把整個產業跑一圈，看看人家怎麼做？獲利的公司關鍵在哪裡？我們還有什麼可以競爭的優勢？孫子兵法說：「不謀萬世者，不足以謀一時，不謀全局者，不足以謀一域。」把自己所處的環境全盤看清楚了，才有辦法競爭。

當你跑了一圈回來，常常會有很多新的想法，也會發現很多機會。不管去跑一輪客戶、競爭廠商，或者是供應商，越了解我們手上的牌，以及別人手上的牌，就越清楚競爭的態勢。就像GPS必須得常常更新圖像資料才會準確，我們進行策略也是如此，如果手上的資料是舊的，後果就很有可能會迷路，弄清楚我們的客戶在想什麼，大環境往什麼方向改變，才不至於閉門造車。

讀後速記

※「延遲決策」的忍耐力與個性，是決定成功很重要的關鍵。

※決定這兩件事情好與壞的原因是「資訊」與「耐性」。

※在我們資訊不足的時候，並沒有辦法確定當前的機會是好是壞，因此，我們要掌握足夠資訊，並適時的運用Pass策略。

㉛人的僵固性

西元一七三八年，著名的數學家丹尼爾•伯努力提出了一個很有趣的觀念，他說：「財富少量增加所帶來的滿足感，與原先擁有的財貨數量成反比。」簡而言之，就是越有錢會越不快樂，因為自己所擁有的實在太多，如果只是增加一些些，根本不算什麼，也就因此沒什麼樂趣，需要追逐更大的刺激。

●你是地縛靈嗎？

企管的課程中，都會學到薪水的僵固性，員工調薪之後的滿足感與積極性是會消失的，本來拿到更高的薪資心情很好，可是過一陣子又覺得自己的付出應該要拿更多薪水。這些道理告訴我們，單單給錢是沒有用的，薪資調整只會造成惰性，要留住人才需要搭配其他種方式。

當前在中國，普遍存在著曬工資的現象，朋友見面聊天談薪資算是正常，比較之後哪家優渥，當下就email履歷表，價格談好就跳槽。我們可能會咒罵這些人沒有品德，缺乏忠誠，但是我們有沒有想過，員工是怎樣看待薪水這件事情的？或者講直接一點，員工就是拿時間來換金錢，單位時間內可以換更多錢的，他們就去那裡換，因為每個人工作的黃金歲月有限，過了這個歲月，就不會有人要了。聽起來心酸，但這是事實，以我擔任顧問工作時所做的統計，這幾年來中年失業的工作者越來越多，因為他們已經過了產業所需要的「年輕氣盛創意多」的歲數，薪資可以請兩個到三個畢業生，企業理所當然撿便宜又大碗的年輕人。

不只是薪水會僵固，工作地點也會僵固。有很多人寧可找不到工作也不肯去遠的地方找，當然也不肯接受中國、東南亞的外派，因為我們總是把外地的工作看作流放邊疆，而沒有想成開疆拓土，事實上，國內的企業也普遍存在著外派的人回來沒有位置的問題，那麼誰還想外派呢？可是一直窩在國內缺乏世界觀的工作者，真的可以協助公司在世界舞台上競爭嗎？日本傳說有一種幽靈，死掉之後一直眷戀在一個地方不肯走，叫做地縛靈，當前這個劇烈變動的世界，哪個公司地縛靈越多就越早完蛋，缺乏行動力，就像恐龍沒辦法適應環境變遷，終究要面臨滅亡。

●白日夢萬歲！

最近有愈來越多的研究，從大腦以及心理學的角度著手，探討「創意」是怎樣來的？

有些人常常有很多靈感，有些人就是絞盡腦汁想不出半個，創意是天賦嗎？研究發現，創意的來源是我們每天吸收的新知、閱讀的書報、片段的知識，在大腦中攪和沉澱之後，透過作白日夢而來。

不敢作夢是大多數人的問題，要有靈感與創意，就要大膽去作夢，而不是讓思想僵固在專業的領域裡。有越來越多的實例證明，跨領域的人會更有創意，因為知識更多更能讓大腦自動產生連結，同時會跨領域學習的人，本來就較少有僵固性。

「本來就沒辦法」的思考邏輯，是很多專業人士在還沒開始做之前就先產生的預設心態，可是很多機會卻都從這裡出來。擔任外商創意總監的前輩總是告訴我們說：「凡事自己做一遍，就可以發現很多的商機。」例如他最近出國商務旅行，已經不再像以前一樣住飯店，因為他發現有很多好的公寓，甚至豪宅願意出租讓他住個一兩晚，住宿費只需要原來的1／3。

正常來說，我們可能一開始就會認為別人的房子怎麼可能讓陌生人來住？而也要在我們旅行的城市剛好要有這種人存在，過去或許不太可能，但是經歷過金融海嘯之後，什麼都有可能，因為大家希望盡可能提高收入，來避免可能再次發生的經濟衰退與不景氣。「什麼都有可能」，不要僵固在過去的習慣裡面，試著去推翻以前的經驗，否則不會有更多的創意與體驗。

●什麼都變，什麼都不奇怪

前幾天跟客戶公司的高階主管聊天，他們就提到公司最近因應新的大客戶而做了重大的變革，起因是客戶希望他們能快速因應設計變更，趕快提出設計圖。過去這種情況要不就是請科技人加班，要不就是像鴻海一樣走接力式設計，讓散在各分公司的設計人員換手來完成工作。但是這些都是老方法，他們後來發現，所要做的只需要換「軟體工具」就好了，因為新世代的軟體已經不再有過去那種複雜而且又難搞的設定。

以往大家總是認為山不轉路轉，路不轉人轉，這已經是過去式了，技術的演進已經變成「山不轉就打山洞，路不轉就換車子」，換工具之後提升效率，突然之間客戶的公司才發現新工具帶來的成本降低，效率提高，讓本來懊惱的龜速突然間可以符合國際大廠所要求的高速服務，而且所需要的人力資源反而更精簡。

創造性的破壞從前是企業CEO的工作，現在是每個人都需要的核心能力，我們當然喜歡穩定而且習慣的流程、工具與作業方式，但是如果這件事情已經演變成一種限制，僵化成為障礙，就需要徹底破壞並且改變它。

過去的觀念認為公司組織常常變動並不好，但事實上最新的資料顯示，透過輪調與內訓讓員工成為多能工，不但可提高效率，保障員工未來就業能力之外，竟然創新能力也提升了一倍！而這樣的轉變，關鍵在於大家觀念的轉換，把「變」當成是好事，把「破壞」看做是建設的開始，移除了僵固，可以帶來大量的活力！

讀後速記

※人天性喜愛平穩安定，但如果無法因應環境變遷而改變，平穩安定將成為引導我們滅亡的殺手。

※擊敗自己內心的惰性與僵固性，沒有什麼不可能！

※只要目標正向，你可以大膽改變，盡情破壞，開創出新的格局。

㉜害怕源自於無知

幾個月前我在游泳池的樓梯上滑倒，剛好脊椎骨直接撞到樓梯的直角，導致在家裡趴了一整天沒辦法動彈。當我在床上趴著時，眼睛只能看到前面的地板，心裡想要試著讓自己的腳動一動，發現還蠻困難的。此時，心情很快地就被恐懼佔據，我開始不停地想，萬一殘廢怎麼辦？萬一再也沒辦法走路怎麼辦？我還有那麼多事情要去做，我的人生怎麼辦？

一整個上午都在自己嚇自己，還沒到下午我就已經快崩潰了，這時，我忽然發現自己的腳真的沒辦法動也沒有感覺了。後來去看醫生照了X光，發現沒有太大問題，才鬆了一口氣，說也奇怪，本來沒有感覺的雙腳，好像又重新裝回來似的，馬上就可以站起來走路了。

●恐懼源自於無知

後來我跟一位長輩吃飯，他聽了我的故事，緩緩地說：「會害怕是因為對那件事情不了解，有了足夠的知識之後，就不會再害怕了。」從古到今，這樣的例子非常多，知識與資訊可以讓我們理性客觀地面對問題，而不必自己嚇自己，想想看，在照X光之前，就是因為不夠了解，讓我自己沒事平白害怕了一整個早上，卻對這樣的感覺束手無策。

但是知識也並非全然都是對的，必須要自己篩選。就像在照X光之前，有人建議我去針灸推拿，我仔細考慮了一下，在自己脊椎狀況不明的情況下，還是得先取得具有決定性的重要資訊，再來做判斷比較適當。面對恐懼，其實我們不需要病急亂投醫，冷靜地想一想，忍耐一段時間取得真正有用的資訊與知識才是正確的作法。

「知道越多越沒膽！」另一位草莽創業的長輩聽了我的故事，反而給予了另外一種評論。「書念越多，越不敢創業，因為覺得什麼事情都不能做！」白手創業的老闆通常都是在學校成績吊車尾的，成績好的反而寧可選擇安穩的生活。但是我不認為這種倒果為因的說法正確，這牽涉到「知識」與「資訊」的定義，其實在學校成績吊車尾的人，接受資訊的能力與速度並不會比較差，甚至更好，所以導致沒辦法專心在課業上，通常也不是很在意課業，有很多反而覺得事業才是第一，寧可把心思放在尋找投資機會上。

當功成名就之後，大家都會回頭來找「知識」，因為想到自己一路走來顛簸而驚險，面對未來又因為無知而感到害怕，經驗與直覺固然管用，但是仍需要更強的基礎來讓事業茁壯成長。如果膽識仍不減當年，那麼正確的知識與資訊確實可以幫助成功者更能冷靜客觀地判斷未來，也更加有自信。

●態度決定你的結果

但知識與成功之間沒有必然關係，甚至常常發生資訊過量導致失敗的情況，事實上，知識與資訊的判斷，才是成功與失敗的關鍵。同樣的知識與資訊，給予不同的人，得到的決策也不盡相同，悲觀的人會先想到，已經有這麼多的障礙在前面，自己可能需要很大的力氣才能突破，知道越多越害怕，因為困難太多了，競爭對手太多，既得利益者也太多，這些都沒有辦法簡簡單單地突破；樂觀的人會想說，當前這些障礙是否有什麼缺口是我們可以施力的？我們自己的核心競爭力在這些障礙之前，能發揮什麼功效？要怎樣做差異化可以突顯出我們的價值？

知識過多時，任誰都會感到害怕，怕的是我們沒辦法從眾多競爭中脫穎而出，但這其實算是無知，一種對於自己核心能力與創新方法的一無所知。知道的越多，了解的越深入，就越覺得自己渺小，越能夠謙卑面對。理論上應該要更有自信，也更積極面對挑戰，透過實務的磨鍊來印證知識，累積經驗，才能鍛鍊出自己的判斷力。

我們缺乏的知識可以分成三類，自己、競爭對手，還有大環境，既然我們沒有辦法直接得到這些知識與資訊，那就只能學習「方法」，用這些方法來探求上列的三種知識。要從資訊與知識的大海裡面找出正確有用的一小部份，真的需要靠毅力，也不能害怕失敗，學習任何事情都是需要交學費的，痛苦中學來的知識才會刻骨銘心。

◉準備好就沒什麼好怕的

當我們知道失敗的代價有多大，假設是自己能夠承擔的範圍，就能免於恐懼；反之，如果超出自己能力範圍，那麼我們就需要思考該怎樣才能累積實力，或者運用資源與人脈來達成。不管怎樣，只要積極面對恐懼，有足夠的經驗判斷資訊，考慮週全之後，世界上就沒有怕不怕的問題，而只剩下做與不做的問題。

個人的能力不是成功的要素，因為一個人能自己做的真的有限，與其擔心自己的能力，不如運用知識經驗來建立適合承擔這項任務的團隊。知識需要做正確的運用才會發揮力量，發揮效用之後才能解除我們的恐懼，就算沒有發揮作用，假如失敗的幅度在可控制範圍內，我們也學習到了經驗。

所以，在知識與資訊不足的情況下，沒必要害怕，先設定一個方向，找到知識與資訊，再來判斷下一步也不遲。就像小時候怕打針，一旦打下去了，馬上就覺得根本沒什麼。心理學家說，90％的擔心都是多餘的，人們往往只會去擔心眼睛看得到卻不用擔心的事情，而不會去擔心眼睛看不到但應該要擔心的事情。知識可以打開我們的心眼，讓我們的視野廣闊一些，減少「看不到」的部分，自然可以冷靜客觀地做通盤考量，而不是憑直覺地猜測是否還有地雷沒有爆出來。

讀後速記

※人會感到害怕，是因為對人事物的不了解，只要掌握足夠的資訊，不安的感受就會慢慢消失。

※害怕會讓人無法發揮應該有的實力，擁有積極勇敢態度的人，才能克服恐懼獲得成功。

※在知識與資訊不足的情況下，我們不需要先感到害怕，先設定好方向，找到知識與資訊，再來冷靜判斷下一步行動。

㉝失敗的徵兆

為什麼人們走路會跌倒？大多數是因為沒看清楚路，只顧著看其他的事物。公司經營為什麼會失敗？道理也是沒看清楚未來的路，只顧著搶短線救火。可是仔細想想，走路跌倒前一刻，心情應該還是很愉快的；很多公司在出問題之前，也都認為一切在軌道上，事情還控制得住。在這個時間點，決策者往往都處在「自我感覺良好」的狀態下，可是這種狀態似乎是一個麻痺的狀態，因為對於周圍的變化缺乏敏感，忽視可能的危機與競爭，結果就出現了重大的問題。

●自我感覺非常良好？

「因為覺得自己做得對，所以不會理會別人的看法。」曾經有過失敗經驗的商場前輩這樣說。但即使是成功的人，他們一樣也不會理會別人的看法啊？這兩者中間有什麼差別呢？前輩說：「我認為成功的人不是不理會別人的看法，而是時時拿別人的看法來磨練與修正內心的想法，但是失敗的人不會認真思考別人的辦法，只會兩眼發直，用直覺判定自己是對的，認為自己挖到寶了。」我們發現很多人活在自己的世界裡面，用自己的價值觀來判斷別人，用自己的一套說法來說服自己，做事情浮誇不著邊際，可是自己都沒看見。

修正是一件很重要的事情，通往成功的道路有很多條，但是失敗的道路更多，缺乏修正，就很容易出現問題。修正需要靠資訊，資訊則需要靠勤於接觸客戶、接觸現場，還有接觸員工才能獲得。很多管理書籍強調「現場的感覺」，沒有親臨現場，就無法知道狀況如何，也就不知道政策落實的程度。

我常常受託檢查工廠的管理，我的經驗是，很多事情是可以「感覺」出來的，例如紀律就是最明顯的，看走在路上工人的精神、產線上每個人的專注程度、地上堆積的東西、標語的內容、乾淨的程度⋯等等，這些感覺就產生了資訊，然後演變成為修正。或許真的有人傻傻做就成功的，不過這應該是過去的故事，現在開始千萬別相信安徒生童話裡面那些傻人可以娶到公主的事情，勇敢地挑戰現狀，質疑現狀，尋找改善的空間以及解決問題的蛛絲馬跡，別讓自己進入到自我感覺良好的狀態裡面昏睡。

● 一葉知秋？信心爆表？

我聽過一些這類型的故事，有個美國人聽說墨西哥發生口蹄疫，於是他開始集資收購囤積美國東部的肉品，果然過了不久加州肉類需求大增，這個人因為資訊判讀正確，所以賣出了囤積的貨品而發了一筆財。又有日本公司注意到非洲某國發生內戰，該國的重要礦產是銅礦，佔世界供應有一定的比例，於是他們開始囤積銅材，果然內戰持久之後，銅材上漲因而賺到一票。這類「一葉知秋」洞燭機先的故事很多，在股票市場這種情況更是比比皆是，資訊的正確判讀加上足夠的勇氣可以讓一個公司快速致富。

可是我也常常聽說囤積DRAM導致公司賠了一大票的例子，或者中國之前出現炒作銅期貨出現大幅損失的事情，這中間的差別是什麼？簡單講，主事者莫名其妙的自信是出問題的來源。資訊充足的賭與憑著直覺的賭差很多。一個棒球投手，如果不知道面對的打擊者擅長打什麼球，弱點在哪裡，很容易就被擊潰崩盤，功課要做到足夠，單憑一種無來由的信心，開口閉口「我就不信我會那麼背！」按照莫非定律，最糟的狀況總在最沒有防備的時候出現，讓你應聲倒地。

●該放鬆了嗎？

我有位長輩，買了很多招財貔貅，放了一些蟾蜍，請了老師改公司大門的方向，然後又改了祖先的墳，當他一切布置妥當，內心感覺很踏實的時候，公司卻經營不善倒了。生於憂患死於安樂，要經營事業，就別想有一天安穩，因為如果我們經營得當，公司會持續成長，新的問題會一直來，所以不會有安寧的片刻，如果經營失當，公司會走下坡，各種問題也會一直出現，更別想休息了。所以當我們自我感覺良好的時候，得想想「看不到問題是不是更應該睡不著？」這個世界是動態平衡地存在，別人前進一些，我也前進一些，看起來大家都還並駕齊驅。可是當我們鬆懈了，差距就會出現，問題隨即就跟著發生。

成功只是兩次失敗之間片刻的歡樂，失敗沒有什麼不好，得失心放太重反而更糟糕。「放平常心」與「自我感覺良好」並不是同一件事情，前者是讓自己不要慌亂，冷靜地處理每一個問題與突發狀況，後者則是覺得自己進入了一個美好的狀態，無視於周遭的變化。換一個角度說明，前者是讓自己進入備戰狀態，讓神經維持在適當的敏感卻又不至於緊繃到無法休息，後者是刻意讓自己遲鈍，以免周圍亂糟糟的事情讓自己緊張起來。

我曾在某場演講中聽到：「失敗有兩種，第一種是超乎自己能力，演變成滾雪球災難，第二種則是自我弱化，讓本來不是問題的變成問題。」當我們覺得累了，想要「無為而治」的時候，第二種失敗就種下了遠因，久了之後第一種失敗就出現了。想要開始經營事業的第一天，就別想有鬆懈的日子，只能讓自己調適舒壓，然後再承擔更多的挑戰，否則就安份守己做一個螺絲釘，把分內的工作做好就好。

讀後速記

※勇敢地挑戰現狀，質疑現狀，尋找改善的空間以及解決問題的蛛絲馬跡，別讓自己進入到自我感覺良好的狀態裡面昏睡。

※最糟的狀況總在最沒有防備的時候出現，讓你應聲倒地。

※想要開始經營自己的事業，就別想有鬆懈的日子，只能讓自己調適舒壓，然後再承擔更多的挑戰。

㉞無招勝有招

「解決問題」是專業經理人被賦予的重大使命，每個人的能力也從這個角度來評估，越能把事情處理好，把問題解決掉的人，就是最厲害的角色。積極進取的主管，不會只等問題發生了再來解決，而是去思考如何能在問題還沒有發生的時候，著手處理預防或者損害控制，讓問題發生的機率與造成的損失降低到最小。

也因此，我們都期望主管們能夠有足夠的空間與時間去思考，而不要在那邊「埋頭苦幹」用沒有效率的方法來解決問題。可是幹部們常常都發現，眼前的問題都處理不完了，一個問題都還沒想清楚怎麼回事下一個問題又來，剛剛想要休息一下，就會有個人某件事情出包，哪還有時間思考呢？最讓人不舒服的是，更高階的主管每次出現總是說：「要找出根本原因！」也沒告訴我們該怎樣做或方向是什麼。

◉借彼之力，成己之事

技術上的問題，要找出根本的原因，可以透過模擬、實驗、控制變數之後各個擊破等方式來解決，但是人的問題呢？業務的問題呢？管理的問題呢？這些是否也都能夠這樣子來處理？這是沒有標準答案的，有些做法做下去之後，會更糟糕，產生更多問題來讓我們忙個半死，有些做法則是可以讓問題減到很少，興利除弊，這不禁讓人想問，中間的差異是什麼？

我有一個朋友開公司好幾年了，最近突然意氣風發，開百萬名車，有一次我搭便車時，就好奇的問他是交了什麼好運，現在生意做得這麼紅火。他笑著說：「人都好利，我只是把利益放給大家，自己多跑一些，少賺一些而已。」我心想，開什麼玩笑？以前自己多賺不分別人都苦哈哈，現在多分別人自己少拿竟然賺飽飽？「這就是人性，我一個人的人脈有限，資源有限，力量有限，但是如果我讓中間人有利益，而且是很好的利益，那麼他就會成為我的虛擬業務員，如果這個中間人是有力人士，那麼就會成為超級業務員！」

的確，現在這個世界生產過剩，不管我們賣什麼東西都有人低價、低品質競爭，劣幣驅逐良幣，沒有透過一點關係，真的很不容易拿到訂單，把足夠利益給予合作的夥伴，不管是外部人士或自己員工，讓利益去驅使大家努力，自己就可以把力氣用在思考下一個利基點。

●追本溯源，直搗要害

成功開鑿連接印度洋與地中海的蘇伊士運河的法國英雄拉塞普斯，在一八八〇年領軍開鑿巴拿馬運河，一八九四年宣告放棄，原因是技術問題雖然解決，但是熱帶地區的疾病嚴重肆虐，造成工人健康狀況不良，工程進度嚴重落後，儘管投入大量的醫療資源仍然無法改善，導致財務發生困難。一九〇四年，美國買下這家公司，繼續開鑿運河，這次要面對的不是技術上的問題，而是全面對抗瘧疾與黃熱病，當局用盡最大力量解決居住環境衛生，清理水溝加裝紗窗以隔絕傳染媒介，十年後運河終於開鑿成功。

我們以為的問題，常常不是問題，或者說，我們可能把問題定義錯了。生意做不起來，是自己不夠努力嗎？還是我們沒有找到「對的人」與「對的方式」？品質不良的問題，是我們沒檢查到？還是流程設計沒弄好？或是研發測試驗證不足？

在組織管理中，主管的工作在於幫助部屬們發揮專長，協調資源提升部屬的工作效率。面對問題，「治標」當然是需要的，因為我們得快點有個說法讓老闆安心，但是「治本」的工作也要持續進行，但什麼是「本」？「治本」的事情又該怎樣做？

我聽過，以前華碩做主機板的時候，為了提升技術，甚至找來大學教授重新幫研發人員上「電磁學」，溫故而知新，讓技術人員逐漸提高自己的視野，終於在研發與品質上領先同業。我們常常會要求同仁去找根本原因，卻不知道我們是否有足夠的能力與知識能夠做到，於是只好放著不管。

但就以小朋友生病為例，普遍來說，小朋友生病的原因部分是因為不洗手就吃東西，所以我們知道了疾病傳染途徑的「知識」，因此想辦法改變了小朋友的「習慣」。這樣不打針不吃藥的做法，看似沒有解決問題，但是問題卻因此減少很多，有了知識，看似無招卻勝有招。

●利益驅使看穿關鍵

專業的問題，主管必須要有警覺是否超過我們的知識範圍，如果是，就需要找專家協助，而不是死守自己以為的自我價值。如果是人的事情，就要循人性的軌跡與脈絡，讓人性來解決問題。《史記貨殖列傳》說：「天下熙熙，皆為利來；天下壤壤，皆為利往。」從古至今，人性就是為利，我們不是不明白，是捨不得分利給別人，或者分配不平均。

同樣的，從利益的角度思考，客戶為什麼不買我們的產品？員工為什麼不自願加班？

需要知道，客戶跟員工對於利益都是斤斤計較的，如果我們了解到利益的關鍵，那麼很多事情都迎刃而解。「無招」的意義在於，我們試著從利益的角度思考，找出關鍵，時時刻刻提醒自己「用最小的力量，做最少的動作，找最正確的人」來化解問題，而不是立刻跳上消防車去救火。

利益會驅使人們行動，行動的過程中，也會自動地往下一個利益點前進，並且避開需要投入大量利益的地方，透過觀察人們的行為以及該行為的思考邏輯，我們可以發現商業機會以及解決問題的關鍵點，透過對這關鍵點的知識與了解，進而用最小的資源與力氣從這個點入手，用20％的力量解決80％的問題。

用少一點的力量處理事情不見得是沒有能力，有些時候本來以為需要投入大量利益才能推動的事情，找到關鍵點，可能只需要少量的資源與正確的人就可以解決。

讀後速記

※人性就是為利，善用有利可圖的策略，就能聚攏人力資源，力量倍增。
※掌握事情的根本，是簡化它最好的方法。
※解決問題，謹記找出關鍵，用最小的力量、做最少的動作、找最正確的人。

第 5 章

六大心法，讓你更上一層樓

想在職場上展現與眾不同的地方嗎？

希望到任何一個職域都可以被老闆搶著要嗎？

本章中，作者根據歷年企業顧問的經驗，整理出六大心法，無論現在你在哪一個職級，練成這六個心法，將會讓你展現出不同的優勢，成為職場贏家。

㉟愈是畏懼，越要展現毅力

西元17年，漢光武帝劉秀雖然已經是個將軍，但是底下的人常常說他是「落跑將軍」，因為劉秀只要遇到小盜賊，總是躲在軍隊的最後面，讓部下去衝鋒。直到那一年，王莽派出42萬大軍攻打反抗軍，首當其衝的就是駐守昆陽的劉秀。

●危機就是轉機

42萬大軍的隊伍很長，長到三天三夜都走不完，而王莽的軍隊帶了很多獅子老虎大象放在軍隊的前面，還沒開始打就已經讓對手嚇破膽了，但這一次劉秀沒有逃跑，他竟然帶著不到3千人的部隊迎戰42萬大軍，從頭到尾身先士卒，最後奇襲敵軍成功，僅僅用了幾千人就讓42萬大軍潰敗逃跑，被殺敗的王莽軍隊屍體疊起來多到阻斷了河水。

劉秀的部下覺得很怪，為什麼以往將軍遇到小盜賊就躲遠遠的，現在遇到了絕對無法打勝的對手，卻反而衝過去？他的腦袋是不是有問題？劉秀笑而不答，一旁的軍師回答，遇到小盜賊躲起來，是「千金之子不死於盜賊」，要成大事的人，如果這種小陣仗都衝第一，難保中個暗箭什麼的，壯志未酬身先死就太不值了；反之，當部下都發抖害怕的時候，即使自己也很怕，仍要冷靜面對，因為危機一定是轉機，打不打橫豎都是死，那不如拼死一搏！

懂得畏懼才有突破

「害怕是正常的，誰都會害怕，但是結果的好壞與害怕的程度無關，卻與冷靜的程度成正比！」因為人如果失去冷靜，就會腦筋空白，做事情鑽牛角尖，習慣以很少的資訊倉促決定，面對一連串的災難連鎖效應卻茫然不知道該喊停。

冷靜並不一定是天生的，有些人確實能夠在大風大浪中保持冷靜，但大多數人都不行，肯定會腦筋一片空白。我小時候非常害怕上台，但是每次音樂課偏偏都要點人上台，有一次不幸我被點中了，明明已經練到非常熟的歌，上了台就腦筋空白，最後在大家的嘲笑與老師的責罵下哭了起來。

為了解決自己上台的恐慌症，我常常問旁人有沒有訓練自己冷靜的方法？有書籍說去山上對著石頭練演講，我嘗試過但沒用。「多跟大家去ＫＴＶ最有效！」這是很不錯的方法，我認識很多人都是這樣練習出來的。唱歌比起演講還要讓人感到害羞，拿著麥克風唱更是如此，但是麥克風是很神奇的東西，用久了不但會習慣，還會上癮。心理學上說，麥克風與遙控器都代表著控制與統治的涵義，人對一件事情有了控制的能力，就不會害怕。

「主動出擊發揮自己的潛力」，這是劉秀採用的方法，我在唸EMBA的時候，教授喜歡突然點一個人站起來回答問題，我的同學告訴我，老師問問題的時候舉手就對了，被點中不要急，慢慢站起來，讓自己穩住之後，就當跟老師聊天就可以了，如果平時練習充分，遇到困難時只要穩住，按照平常練習的方式進行，就會有不錯的表現。

劉秀看著部下們每一個都嚇呆了，他知道必須要採取行動，在冷靜的判斷之下，他決定一個人衝入敵人陣營，殺了十幾個人之後安全回來，讓部下看到連「落跑將軍」都可以這麼神勇，敵人其實只是虛有其表。所以我們常常看到很多老闆喜歡舉手發表自己的意見，雖然不一定答很好，但這是領導的一種，尤其在面對危機時，可以穩定部屬們忐忑不安的心。

●困難越大成就越大

專業一點的方法，就是用「心錨」的設定來解決問題。如果我們仔細觀察，那些冷靜的決策者或台風穩健的人，上台的時候都會有一些特定的動作，那些動作就是用來讓自己冷靜進入狀況的「儀式」。這些儀式有可能自己不知道，是透過長久累積練習來的，也有可能是真的懂方法，自己設定出來的，例如：找一個自己認為自己最冷靜的情況，然後用手按壓另一隻手的虎口，練習很多次之後，只要面臨危機，重複這動作，就可以讓自己回到當初設定的冷靜心境。

朋友告訴我，他在公司很久了，所有的流程、制度、大事小事都摸熟了，沒什麼好怕的，看到菜鳥們緊張兮兮的樣子好好笑。「你不會怕說被別人追過去？也不會怕自己沒有進步？不會怕說公司經營出現困難？」我問。他說應該沒這必要，公司的產品業務客戶就這些，業績都很穩定，不會有問題的。

經過了一年，朋友瘦了一大圈，他告訴我，公司面臨大陸的競爭，業績突然大幅滑落，他現在每天都很害怕，害怕失業也害怕要重新面對一個新環境，更害怕自己年紀大了，無法承受失敗。我不好意思數落他，但心裡面難免想，安逸的日子不知道兢兢業業，現在面對強敵只能束手無策，害怕擔心自己的未來，應該在這種時候要拿出鬥志，放下面子，勇敢去衝去闖，有空害怕不如冷靜思考還有什麼機會？或者奔走籌措到處提案，把大家的士氣帶起來。

成功的人勢必要成為承擔最多害怕與壓力的人，我學長在公司上市的那一天，感慨地說：「我從來沒有像現在這樣害怕，因為責任與壓力越來越大。」他用手搓搓自己的虎口，頓了一頓說：「不過怕歸怕，領導者的鬥志與毅力必須要時時刻刻展現出來。」這讓我不禁聯想，面對未來，必須要有適度的敬畏，而不是「自我感覺良好」，沒什麼好怕的。真正大難臨頭的時候，才來一次性恐懼，再怎樣堅強的人都會崩潰吧？透過一次次面對恐懼的經驗，鍛鍊自己冷靜沉著的能力，這樣的成功肯定會比較穩固。

讀後速記

※害怕是正常的，誰都會害怕，但是結果的好壞與害怕的程度無關，卻與冷靜的程度成正比。

※冷靜是需要練習的，如果平時練習充分，遇到困難時只要穩住，按照平常練習的方式進行，就會有不錯的表現。

※愈是嚴峻的時刻，領導者的鬥志與毅力愈是必須要展現出來。

㊱忽略了觀察，就不會有創新

自從彼得杜拉克大師講了「Innovation or Die!」（不創新，就滅亡！）這句話之後，幾十年來創新如火如荼地在各地展開，同時也發展成了一門專業的學科，而且有科學的方法引導我們一步一步地實現創新。雖然我們每個人貢獻的小小創新逐步地改變了這個世界，但我們還是不禁要問，那些改變歷史、改變產業，或者改變一家公司的重要文化是怎麼想出來的？難道這些人天賦異稟嗎？還是上天注定？老實說，我認為都不是。

●仔細觀察Download資訊

最近跟一個長輩吃飯，談到所謂資訊的力量，我腦袋裡突然浮出比爾蓋茲說的一句話：「收集、管理和使用資訊的方式，決定了輸贏！」如果把「輸贏」這兩個字改成「創新」，意義也不會差太遠。人是很奇怪的動物，只要我們不停地「輸入」資訊到大腦中，久而久之就自然會產生靈感，這種曇花一現的靈感就成了創新的來源。

以國際名建築師安藤忠雄為例，在遊歷過世界各國的建築之後，發展出了自己的風格；達爾文在看過各地不同的物種，經過搜集整理比對之後，寫出了演化論；我也聽說過知名的手機品牌，曾經派出高達二百位人類學家，到世界各地觀察人類之間原始的互動、擁抱、握手等彼此接觸的動作，進而設計出自己手機的觸感。在ＩＴ的領域中，我們常常會透過資料採礦的方式，從海量的資料中萃取出有價值的關聯。

罵人沒見識，我們常說：「沒吃過豬肉，也該看過豬走路。」觀察是我們的本能，也是知識的最主要來源，透過觀察，我們累積了很多的印象在腦筋裡面，但是如果沒有保持時時觀察的習慣，我們分分秒秒都在錯失成功的機會，有些時候我們走馬看花，有些時候我們覺得理所當然，更有些時候我們懶得動腦筋。

● 心和身體也能記憶

習慣「忽略」不重要的事物，這是演化使然，因為原始人需要快速分辨危險的所在，但這種習慣性的忽略，卻成為我們創新的絆腳石。牛頓因為觀察蘋果落下，思考出萬有引力；瓦特看到了蒸汽推動茶壺蓋子，發明了蒸汽機；聽說萊特兄弟只是「把當時已經存在的各種技術」結合在一起，就發明了飛機，大多數被人忽略的東西，甚至很古老的東西，可能都存在著極大的創新空間。

其實，創新在某些程度上違反人性，除了前面提到我們的視覺必須要抓重點，以至於忽略很多創新機會之外，整理資訊也是很違反人性的行為。人都很懶，能少動就少動，這大概也是因為演化的關係，亂動會消耗能量，如果遲遲找不到食物，就會提早丟掉性命，整理資訊是非常痛苦的事情，尤其是大量的資訊，更何況不一定有方法去整理。

幸好，演化提供了我們另外一個有用的能力，就是感覺。我們可以不用去整理，但是要每一個都看過，「一回生，二回熟，三回變高手」即使是小朋友，看慣了長輩開挖土機，自己也自然會開了。古人說：「行萬里路，勝讀萬卷書。」如果路上有認真仔細觀察的話，自然就會有感覺，剩下來的就是讓感覺與直覺發揮作用。

◉創新，始終來自於人性

創新不盡然會導致成功，也不必然能導致獲利，甚至有80％的創新只是腦筋急轉彎，博君一笑而已。從創新到產生利潤，這中間牽涉的環節很多，走錯一步，結果真的大不相同。二次世界大戰，承襲過去海權論的框架，美國與日本彼此都想建立強大的海軍殲滅對手，日本雖然是世界第一個製造出航空母艦的國家，在技術上達成了創新，但是在戰爭觀念上，仍然認為只有主力艦才能決定勝負。因此傾全國之力製造了無敵戰艦「大和號」，配備的主砲具有能夠一彈擊沉對方戰艦的超大口徑。

而美國則是製造了十幾艘航空母艦，搭載了數千架的飛機，不但在技術上創新，而且在戰爭觀念上也創新了，結果大和號還沒離開日本領海太遠，就在幾百架戰鬥機圍攻之下沉沒了，連一艘戰艦都沒擊沉過。技術、產品的創新其實不盡然是勝負的依據，透過對人性的觀察理解，進而在觀念與管理上發揮創意，才是可長可久的方式。

透過對人性的理解，國內的高科技業普遍使用分紅配股的方式成功地引發科技人的潛力，帶動整個產業蓬勃發展，這是一種管理的創新；過去深圳成功利用香港與深圳的結合，發展出「前店後廠」的機制，這也算是一種管理上的創新；facebook因為認真觀察人脈網絡，因此推出了更適合社交的網站。

管理模式的創新，大多是對於人的觀察，因為人都愛錢，所以分紅配股有效；因為香港人強於經商，大陸有豐沛的低廉人力，所以前店後廠帶動了整個深圳的發展；而因為人與人之間有互動，溝通的強烈需求，因此facebook帶起了熱烈的風潮。換個角度說，未來更多的創新，都會圍繞著人性，透過觀察人，就可以源源不絕地發現商機之所在，所以，我們應該說：「創新始終來自於對人性的透徹觀察。」

讀後速記

※創新是資訊與經驗的整合、突破，觀察是最重要的基底來源。

※創新不盡然會導致成功，也不必然能導致獲利。
※創新不盡然是勝負的依據，透過對人性的觀察理解，進而在觀念與行動上發揮創意，才是可長可久的方式。

㊲千萬別說「我又不是老闆」

某段時間，供應商出貨時發生了一些事情，導致交貨的時間延遲了幾天，為了這件事情我們跟對方召開檢討會議，想弄清楚是偶發事件還是隱藏性的流程失誤。討論到後來發現，流程裡面並沒有定義到這個問題，供應商的採購經理平常發現問題時都會自動進行解決，所以這個問題之前就存在，只是都被解決了。

可是這次恰巧碰到採購經理請假，問題才因此爆了出來，造成後段產線出問題，因此延遲了客戶們的交期。為此，供應商的採購部門進行討論，看怎樣透過增加流程把這個問題處理好，而我們也被邀請參與會議，當討論到新增加流程，並且會增加採購人員以及其他部門人員的工作與責任時，氣氛就凝重了起來，大家都不想背負這個新工作以及新責任，爭論到最後，有個資深員工說：「我又不是老闆！為什麼要管這麼多？」

●為誰辛苦為誰忙

我曾經在外商工作過，那時候的同事告訴我：「時間到就該下班，給你的福利你就拿，不給你的也別去爭，反正我們都不是老闆，做多了也不會有好處進自己口袋。」這麼多年看下來，職場上確實有只求溫飽的員工，以及力爭上游的潛力股，以老闆的角度，當然會希望員工很積極，會替老闆設想周到，什麼事情都有辦法處理好，可是話說回來，如果這個人不在公司了，或者他累了不想管這麼多，到時候怎麼辦？

其實蠻多老闆都想過擔心過這種事，可是擔心也沒有用，反正過一天是一天，出了問題就去解決，至於公司的運作是否有制度，流程是否可靠，就一天拖過一天。所以，老闆與「替公司著想的人」都成為最辛苦的角色，我們都在抱怨幫別人代工、賺打工錢很苦很累，但是沒有想過是因為內耗所以才累，還是因為事情複雜才會累？

從人性的角度上來看，我們不能去期待每一個員工都替公司著想，因為員工的重心還是要放在他們自己的家庭生活上，要能平衡，員工才可以在公司做很久，也才能有效率。想想看，一個有心事的員工能專心嗎？我朋友是一個經營績效很好的主管，他就說：「不應該去期待找到事事為公司著想的員工，而應該要讓制度流程順暢到連公務員心態的員工都可以勝任！」老闆們聽到這段話肯定氣得跳腳，這樣的做法不就否定了公司文化的作用嗎？我們應該透過公司文化讓每個員工態度積極，主動負責，而不該設計螺絲釘式的制度流程不是嗎？

●1：3的黃金攻守平衡

培養積極的公司文化，確實可以改變同仁的心態，把自己當作是老闆一樣地關愛這個公司，可是這還需要另外一個誘因，就是高額的薪資或分紅。我們不能說公司給員工一份薪水，就要求員工加倍努力，而是應該把我們懊惱手下只有平凡員工的時間，用在思考如何簡化制度流程，降低犯錯，提升「管理財」的營收。企業裡面需要有開創性的員工，也需要守成的員工，才有辦法穩定獲利成長，如果都是衝鋒的員工，運作起來就會比較不穩定，大起大落，如果都是公務員型，又有可能失去競爭力，以我自己的經驗做參考，攻與守的比例1：3是最好的平衡。

我們不應該去責怪員工講出「我又不是老闆」這種自掃門前雪的話，換個角度來思考，就是因為有這樣的員工，我們才有機會找到那些企業裡面的三不管地帶，也才能設計出有效率的流程。如果員工都默默承受，有可能我們沒思考週到，一個流程牽連到很多人，不但不精簡，反而更拖累了企業的效率。當然，我們並不歡迎為反對而反對，或者意見領袖型的員工，只要是對制度設計有利的意見都應該參考。

企業內的事情，沒辦法一下子就解決乾淨，政策的推行需要時間，主管必須要有運作週期的概念，一個流程運行到順利，大概需要多久？抓住這個節奏，一件一件來，並且檢討前一件的執行狀況，再來考慮是否修訂流程，或者透過流程裡面各環節的反餽機制預警。千萬不要讓同仁以為問題解決而鬆懈，或者一下子就下結論，培養大家運作的節奏，就可以減少很多因為短暫時間內來回碰撞同一問題造成的紛亂與困擾。

◉別忘了，我們同在一條船上

當碰到類似供應商會議中那個衝撞上司員工的行為，我建議處理的方式應該還是要去面對，並且講清楚，以免同仁內心有委屈，導致心結的產生。雖然說公司成功了，老闆可能是最大的獲利者，但是相對的只要公司穩定地經營，我們就有工作也有溫飽，並沒有必要用無謂的言語或情緒來破壞這種穩定的關係。如果我們真的很想往上爬，那就應該主動站出來承擔更大的責任，而不是用放炮來代替建言，只有專業與格局才會被尊敬，自以為聰明的發言難免會孤立自己。

每一位員工心裡面難免都會忿忿不平，因為當有一天公司成功的時候，只有老闆一個人會上雜誌封面，也只有他一個人有極高的身價，不過必須換個角度想：「換自己當老闆好嗎？」有志氣的人，在累積足夠的金錢與人脈之後，也可以自立門戶，現在幫老闆成功，有了經驗，以後自己也能幫助自己成功，不是嗎？世事難料，我遇見過很多成功的老闆，當初都沒有想過要自己創業，但總是給自己很高的自我要求，透過幫助公司的成長自我學習與累積，甚至在創業的時候，原來的老闆也給予資金上的資助並且介紹客戶呢！

讀後速記

※老闆與「替公司著想的人」都是最辛苦的角色，如果能避免抱怨的內耗，我們就能減輕彼此的負擔並贏得成功。

※公司需要各類型的員工，也因此，只要是對制度設計有利的意見，領導者都應該審慎參考。

※當我們合力將企業往前推動時，無形間也正累積許多資源，替未來奠定基礎。

㊳每球都是最後一球

由於需要釋放壓力的關係，我養成了早起打高爾夫球的習慣，每隔一天就到練習場打球，日子一長，有些熟悉的面孔常常遇到，也就常常聊天。我是裡面打最爛的，常常有人指點我一些技巧，漸漸的，我也勉強能打出不錯的球了。有一次我看到一位球友，剩下最後一顆球的時候，反而坐到旁邊的沙發上休息，這讓我覺得很奇怪，為什麼不乾脆打完再休息呢？他回答我說：「因為最後一球總是打不好，所以先休息放空，把他當成第一球來打，就不會那麼糟糕了。」

對我而言，第一球與最後一球沒差別，都打得很糟糕，第一球是因為沒暖身，還抓不到球感，最後一球則是想很多，一下調整這邊，一下調整那邊，結果到後來什麼地方都不對勁，怎麼樣都沒辦法打好，反而是打到中後段的時候，沒想什麼卻越打越順，常常能命中甜蜜點。《孫子兵法》說：「多算勝，少算不勝。」但在這裡剛好反過來，想越多，注意越多，打得越爛，尤其是最後一球，總是希望能有個完美的結束，但是這個想法實在太多餘，因為能有個不錯的結束就已經算很好了！

●面對關鍵的平常心

現實生活中，這種事情常常發生在我們面對困難決策時，有很多資訊中夾雜著警訊或好消息，絕大多數的情況下，我們不是在極好與極壞之間做選擇，而是在「有點好」與「好像不是那麼好」，或是「有點壞」與「也不差」這樣模擬兩可的情勢下做決定。不管我們想得再多，最後還是按照自己的偏好與直覺來做決定，雖然經驗也有輔助，但並不是很多。

然而這樣的決定，到後來結果都不好，這不得不讓我很佩服那些總是押對寶的人，為什麼他們這麼厲害呢？我曾聽過陳永隆教授的演講，他的一句話讓我印象深刻，他說：「解決問題的方法，往往不在裡面而在外面。」

Intel現在是CPU的龍頭，原先則是做記憶體的公司，要從記憶體轉來做CPU，這是很大的決定。葛洛夫與摩爾在辦公室裡面討論了半天，最後他們說：「這樣吧，我們現在出去走走，再進來這裡討論，就當作我們重新創業，如果還是決定做CPU，那就做吧！」重大決定並非都是在絞盡腦汁或灰頭土臉的情況下做的，而是在放鬆自己之後，拉開距離之後，才能看更清楚。

中國人常說：「嗜慾深者天機淺。」我們投入越多，越捨不得，想得越多，就越鑽牛角尖，孫子要我們多算，但是沒有要我們在同一個角落裡面一直算，而應該是多嘗試各種不同的可能性，如果我們的選擇題只有一個答案，相信再怎麼算也都是沒有用的。

●自己和自己的對決

離開學校之後，若是要比是否有成就，我想該比的應該是「心理素質」的高低，有人說這就是「ＥＱ」，又有人說叫做「修養」，其實還是有一些差異。漫畫裡面形容的比較好，就是「對決」的「意志力」，最後一球的好壞，是最後一球的自己與倒數第二球的自己來對決，也是想要完美的自己與面對壓力而不知所措的自己對決。

「難道說把最後一球當成是第一球，就會打好嗎？」曾經，我很疑惑地問起長輩：「這樣未免太阿Ｑ了吧？」長輩笑而不答，過了一會兒，他說：「如果做阿Ｑ可以打好，那我就做一次阿Ｑ又何妨呢？」想想也對，人生的競爭，可能每一次對決都是最後一球，也可能永遠沒有最後一球，我可以把每件事情都當成最後一球全力以赴，也可以把每件事情當作是第一球瀟灑開球，重點在於我面臨「對決」的時候，能夠表現正常就好了。

表現正常就是「展現實力」，平日有多少的練習，能在緊要關頭維持水準，就算是很好的演出。心理的素質好壞決定了決策的品質，如果自覺有很高的心理素質，那麼每一球都可以當做最後一球，給自己很大的壓力，做不好就切腹自殺。反之，也可以先晾在旁邊，讓自己放輕鬆之後，當作是第一球來打，讓自己有正常的演出。

堅持到終點的才是贏家

商業上的「對決」，往往不是一兩回合可以分出勝負的，對手也不會只有一個，如何能調整自己，並且持續地將所有的資源投入在相互連結的任務上，思考自己想採取包圍還是強化核心的做法，讓每一顆球都不浪費，而自己在對手一個個倒下的同時，依然能持續堅持下去。

絕大多數的人，心理素質都比較弱，面對壓力與挫折的時候，沒辦法冷靜下來處理當前的問題球，急著想要揮棒打擊，又或者瞄了半天卻一棒也揮不出去。過去我們總是認為只要我們自己做正確了，結果就會正確，但實際上並不是這樣子，很多人做正確了，但到最後一球卻輸了。

我曾在演講中聽過：「一百減一等於零。」實際上甚至不只是零，有時候還會是負一百，就像是明明前面九十九件事情都做對了，可是最後一件做錯了，結果功虧一簣。但是事情結束了嗎？如果你認為這只是開始，就不是結束。Zappos 在網路上賣鞋子，最慘的時候曾經賠了兩億美金，如果不當做重新開始，哪來今天市值三百億美金的網路鞋店呢？

前幾天，我聽到一句話，蠻值得玩味的，「重點不是要買到最便宜的，應該要去想我是否賣得掉！」出去走一走，散散心，鑰匙不會放在籠子裡面，牛頓不也是要到郊外才會被蘋果砸中的嗎？宋朝名相司馬光說，最有靈感的三種情況是上廁所、睡覺前躺在床上，還有騎馬坐車的時候。我也聽說莫札特在坐車的時候，聽著馬蹄聲就會產生源源不絕的靈感呢！所以別把最後一球當真，不妨阿Q一點，不管打第幾球都沒關係，只要能打得好就好。

讀後速記

※愈是困難的挑戰或考驗，愈要放鬆自己以平常心冷靜面對。

※放開心更寬，有時適當的拉遠距離，會讓我們發現看待事物的不同角度。

※心的耐受力與續航力是決勝的關鍵之一，在收緊與放鬆間均衡調配，你就能鍛鍊出堅韌強悍的心志。

39 減法原則

麥當勞成立於一九二八年，因為採用了流水線的方式生產漢堡，成功降低成本並連帶提高效率，生意漸漸發展得越來越興隆。按照我們的邏輯，如果我們是麥當勞的老闆，接下來我們會把賺到的錢，拿來投資其他食品連鎖或是高科技產業，又或者購買自己上游供應商的股票等等。而為了支應這些業外的擴充開銷，我們要擴大產品線，引進墨西哥菜、中國菜…等豐富的產品選擇，吸引更多的客戶上門。

然而今日大家看到麥當勞所賣的餐點，實際上種類並非如此，顯然他走了一條不合乎大眾邏輯的路，但卻是合乎賺錢邏輯的路。一九四八年，麥當勞把餐點與材料進行精簡，從原本供應約20多項產品減少到10項以內，這舉動幾乎砍掉了一半的產品，如果當時我是麥當勞的股東，我肯定會說這家企業的CEO瘋了，趕快拋售麥當勞股票。

●化繁為簡的優化

「商品的本質，如果不能把多餘的東西盡可能的削減掉，赤裸裸地呈現在消費者面前，是無法讓人看清的。」這是《熱銷全球的秘密——日本首富柳井正的經營學》一書中引述柳井正所謂「減法原則」的摘錄。UNIQLO是日本第一的服飾品牌，而創造出經營神話的做法，與麥當勞的方式如出一轍，就是砍掉多餘的東西。

試想，當前銷售全球的產品，例如可口可樂，立頓紅茶，M&M巧克力…等，幾乎都是用少樣產品，但卻把力量放在行銷、通路、品牌上面，而獲得成功與永續獲利。對於我這套解釋，朋友反駁說：「這種說法在高科技業行不通的，因為高科技業競爭很激烈，所以如果沒辦法什麼都做，那麼就會出局。」的確，高科技產業的產品因為生命週期很短，所以會有這種現象，但還是有人遵循減法原則而成功，最好的例子就是橫掃全球的Apple，即使產品很少，但是總是每一樣都做到很好。

行銷是一門很深的學問，需要敢於挑戰人類心理學，「不要讓消費者選擇」是一個很重要的觀念，或者換個角度來講，專業的事情不要讓消費者去選，但消費者的口味可以開放一些。例如UNIQLO在發展Fleece服飾的故事，產品的材質與剪裁本身是不讓消費者選的，但是顏色是開放的，有各種顏色讓消費者搭配。

「旗艦」產品是需要考慮精簡的，透過精簡把本質做到最好，其他週邊產品是否要做，就要看客戶的需求來決定，而不是以「經營者的安全感」來決定。很多企業之所以多角化，是因為不安，害怕「只有一枝獨秀，實在沒有保障」，或是「不知道該如何繼續深入本質」，但是我認識很多成功的經營者，思考角度反而是「如果這一樣都做不好，做別樣也都是三腳貓吧？」，或是「如果害怕別人搶走我們唯一的飯碗，那就應該要把這個飯碗用力打造到堅不可催呀！」

●人多手雜難辦事

前一陣子，公司裡面的專案遇到了瓶頸，投入了大量的人力，把工作切割之後分給每個人做，卻苦於沒有適當的專案管理工具與跟催溝通方式，所以整個進度陷入泥淖，純粹靠高階管理者本身的能力與超長的工作時間來維持。但最後大家再也受不了了，於是集合起來開會，討論的結果是乾脆把團隊縮減到只有適當人數的核心團隊，工作也集中起來由核心團隊進行，其他人就切割掉了。結果專案的進度問題順利解決，很快的產品就開發出來了。

這不禁讓人納悶，為什麼人變少了，效率反而高了呢？有同仁說：「因為溝通變很直接了！不用等待別人也不用去配合別人的進度！」這可能是蠻關鍵的因素，當「研發、測試、修正」的週轉變快了，士氣也提高了，問題同時也就不再發散了。

事實上，並不是人多就可以把事情做好，如果沒有一個良好的管理工具讓這些人密切合作，即使每個都是專家，結果仍然還是一盤散沙。但與其求取工具，最根本的還是該思考團隊最適當的大小，當我們想要急行軍，卻要部屬把所有裝備帶齊，這是不合理的，經營者必須要思考拋棄不必要的資源負擔，只留下關鍵的物品，才有辦法加速，否則只是會讓大家一起累垮。至於那些拋棄掉的物品輜重，就由後面跟進的後勤團隊來支應，急行軍只要撐過第一輪的戰役就好了。

●80／20法則

我們的工作與生活之間也是如此，很多人在抱怨應酬多，工作時間長，這跟一個陷入泥淖的專案是一樣的，需要修枝剪葉才行。我所指的，並非是要我們去取消或減少努力的程度，而是思考怎樣才能讓事情「整合」起來，也就是做一次可以解決三件事的概念。

我父親的職業是收報費的，我蠻佩服他的是，他了解哪些人在哪些時候會在家，並預先把報紙訂戶的路線規劃好，於是收報費就變得比較輕鬆一些了。這件事情放大規模來看，快遞業者也是如此在規劃收件與送件的路徑，只是他們是運用電腦來計算。

每天我們可以沉靜下來半小時，把該做的事情思考一下，不一定要列出來，甚至讓大腦放空也可以，專家建議這樣的動作在傍晚時分做最有效，不僅疲倦感會減少，工作效率也會提升，所以，適當減少工作時間，轉而在放鬆上面，反而可以增進效率。

我有幾個業務朋友，他們後來都很成功，其中的轉變都在於集中服務有高價值的客戶。所謂的高價值並不是客戶都很大，而是那些能重複購買並且維持穩定關係的客戶。他們把80％的力氣用在照顧這些20％的客戶，績效出來了，事情也輕鬆了。試想如果他們仍然把所有力氣，或者加倍力氣用來一視同仁的提供服務，可能只是把自己累壞了，也讓好客戶因為無法獲得期待的服務而離開。

我們可能無時無刻都有很多機會，也有很多選擇，但是如果真正要發揮效率，還是必須要思考減法原則，樹上的水果要長得大，長得甜，修剪掉一些果實是必要的，讓養分可以更集中在剩餘的果實身上。但這並不是一種賭注，我們需要從資訊、數據與經驗來判斷，哪些果實未來長成大果實的機會比較高，要花多久栽培才能長大等等。

每個組織的資源都是有限的，我們如果不知道該集中到哪些有價值的方向上，建議多找一些人當面請教，往往可以得到意外的收穫！

讀後速記

※行銷需要敢於挑戰人類的心理，專業的事情不要讓消費者選擇，但消費者的口味可

以開放一些。

※人力資源分配應考量專案的需要，人力投放與執行效率的關係就是一個倒U型的曲線。

※減法原則是為了讓養分可以更集中在特定果實上，事前我們需要從資訊、數據與經驗來判斷，哪些果實未來可能性大，值得投資。

㊵勇敢去敲門！

當我們看到facebook及Google網站現在如此風光的景況，是否曾經想過當這些創業家還是小公司的時候，拿著營運企劃書四處籌措資金的情況？當然他們都曾經被拒絕，長期吃過閉門羹，畢竟沒有人知道5年後科技的發展會是如何，所以當初大多數的投資家並不會看好現在當紅的企業。

巴菲特的傳記裡也提到，他當初創業的時候，每次經過隔壁有錢人的家門口，總會敲門進去問問看是否願意投資他的事業？據聞這個人一直也都沒有投資過他，而他是否有因此感到懊悔，那就不得而知了，但總歸一句，想要成功必須要隨時準備好勇氣去敲門。

◉生命中不可或缺的「貴人」

事業的成長，可以靠一步一腳印的努力，自有資金的累積，慢慢形成規模，也可以是跳躍性地成長，透過尋找好的策略夥伴來協助，快速提升自己的程度與規模。我們個人的成長也是如此，我聽過很多成功人士都提到自己人生中的「貴人」，透過他們的幫忙，可能小到只是一封介紹信，一句肯定的話，或者大到一筆合約，都可以讓我們的人生變得截然不同。

而往往在我們身邊的人，團隊中的夥伴，幾乎都默默扮演著貴人的角色。單屆奧運獲得最多金牌的紀錄保持人菲爾普斯在拿到第七面金牌的時候，就有感而發地表示：「實現夢想，還得需要別人幫助才行！」那時他就知道，他需要靠隊友的幫忙，才有機會在日後成功贏下接力賽的第八面金牌。

所以我們是否有花過任何精神投資在經營「貴人」身上呢？這並非一定需要有實際上送禮，或者給人家什麼好處，而是一種與人為善的心態，我們盡量給別人方便，努力扮演好自己的角色不要拖累到別人，又或者我們發揮自己的專長，讓整個團隊的績效更加提升。現在的職場已經沒辦法靠一個人獨撐大局就闖出一片天空，團隊的幫忙非常重要，我們必須要花更多的精神在經營團隊中的貴人，才能在機會來臨的時候，獲得他們最可貴的支持。

◉敢想、敢要、敢得到

百大企業的主管都一致認為，好的企業經理人必須要具備「熱忱、堅持、速度、責任感與道德」這幾項基本條件，以及「企圖心」與「凝聚力」這兩個催化劑，才有可能帶領團隊與企業邁向坦途。企圖心就是有敲門的勇氣，不管是敲老闆的門、客戶的門、貴人的門，甚至是創意的門都算。

很多的企業都鼓勵內部創業，根據IBM以及GE的經驗與研究指出，透過內部訓練與鼓勵內部創業，企業自己可以培訓出優良的經理人與領導者。如果我們缺乏敲門的企圖心，這些機會就不會降臨了，所以，當我們遇到挫折的時候，應該思考的是：「是否我們敲的門不夠多？或者我們該試著敲更有『實力』的門？」

Pixar Animation Studio是Apple CEO賈伯斯的傑作，但這個公司其實經歷過好幾次的裁員，直到後來賈伯斯決定去敲迪士尼的大門，嘗試談談看有沒有機會讓電腦動畫成為迪士尼系列的影片。事實上，當初並沒有人看好賈伯斯的提案，整個動畫前前後後改了很多，最後推出了「玩具總動員」第一集，開啟了動畫電影的時代。

企圖心與勇氣讓我們去敲開了門，但也必須要有實力才能不被轟出來。當時的Pixar已經具備有很好的技術水準，並且有足以感動人的故事，剩下的就是需要像迪士尼這樣的「貴人」，能夠把這些事情做完美的凝聚與呈現，賈伯斯大可以敲一個小影片公司的門來製作，但是他的企圖心告訴他，只有迪士尼才真正有能力讓新科技發光發亮。

●搭乘時間的誠信魔法

許多大公司，並非我們以為的那樣門禁森嚴，拒人於千里之外，同樣的，很多大人物也並非我們所想像那麼遙不可及，難以成為我們的貴人。成功的人都同樣困頓過，只要是在能力可及的範圍之內，他們也很樂意伸出手來幫忙有企圖心的人。撰寫獨立宣言的富蘭克林，就曾經很慷慨地提供大家推薦函，雖然推薦函的內容表明「其實我根本不認識這個人」，但他還是樂意推薦對方。

在我們人生中，最好的貴人其實是我們的師長與上司，因此我們一定要好好珍惜並且把握合作關係，尤其是需要推薦函的時候，要勇敢去跟長輩們爭取，就算可能會被拒絕，但也必定不會全部的人都是如此。事實上，拒絕的背後一定有原因，可能是我們實力不足以讓別人為我們背書，也有可能是因為對方評估之後認為不太有用，又或者我們的動機明顯只是為了找個備胎，無論如何，厚著臉皮是必要的條件。

誠信與時間，是最好的業務，會悄悄地幫我們敲開利潤的大門，很多的大生意都需要靠轉介，別人之所以願意轉介給我們，就是因為我們有實力與信用。令我很驚訝的是，很多接到Apple代工訂單的公司，並不是一開始就有機會跟Apple接觸，而是因為自已的實力足夠，可以幫大公司們解決問題，建立了信用與知名度之後，因而得到轉單與轉介。商場上明明很競爭，為何大家還願意轉介呢？無非是我們累積的信用，還有實力，更重要的是願意讓利，讓大家都有錢賺。

要去敲誰的門，是需要有想像力與創意的，我們可以去敲公司大老闆的門，也可以是投資者的門，更重要的是，我們也要把這些想像與創意推銷給對方。一開始，我們需要的是勇氣，但接下來需要的則是溝通與行銷能力，要能在1分鐘內簡短地把要講的事情講清楚，或許對方不一定會立刻弄清楚整件事情，但只要我們的實力與誠信是可被驗證的，保持平常心以對，相信結果都會是正面的。

讀後速記

※想要成功，必須要隨時準備好勇氣去敲門。

※好的企業經理人必須要具備「企圖心」與「凝聚力」，以及「熱忱、堅持、速度、責任感與道德」的基本條件。

※在我們人生中，最好的貴人是我們的師長與上司，因此應把握每一次與他們經營關係的機會。

※誠信與時間是最好的業務，它們會悄悄地幫我們敲開利潤的大門。

國家圖書館出版品預行編目資料

搞懂這些，老闆搶著要：老闆不說的 40 個職場潛規則 / 吳俊瑩作 . -- 初版. -- 新北市：智富, 2012.04
面； 公分. --（風向 ； 46）

ISBN 978-986-6151-25-5（平裝）

1. 職場成功法

494.35　　101002952

風向 46

搞懂這些，老闆搶著要
——老闆不說的 40 個職場潛規則

作　　者／吳俊瑩
文字整理／廖翊君文字團隊
主　　編／簡玉芬
責任編輯／陳文君
封面設計／鄧靜宛
出 版 者／智富出版有限公司
發 行 人／簡安雄
地　　址／（231）新北市新店區民生路 19 號 5 樓
電　　話／（02）2218-3277
傳　　真／（02）2218-3239（訂書專線）
（02）2218-7539
劃撥帳號／ 19816716
戶　　名／智富出版有限公司　單次郵購總金額未滿 500 元（含），請加 50 元掛號費
酷 書 網／ www.coolbooks.com.tw
排版製版／辰皓國際出版製作有限公司
印　　刷／世和印製企業有限公司
初　　版／ 2012 年 4 月

I S B N ／ 978-986-6151-25-5
定　　價／ 260 元